LA

NAVIGATION

AÉRIENNE

PAR M. ARTHUR MANGIN

TOURS

ALFRED MAME ET FILS

ÉDITEURS

BIBLIOTHÈQUE

DE LA

JEUNESSE CHRÉTIENNE

APPROUVÉE

PAR Mgr L'ARCHEVÊQUE DE TOURS

—

SÉRIE PETIT IN-8°

Chute d'un aérostat.

LA
NAVIGATION
AÉRIENNE

PAR M. ARTHUR MANGIN

—

NOUVELLE ÉDITION

TOURS

ALFRED MAME ET FILS, ÉDITEURS

—

1874

LA
NAVIGATION
AÉRIENNE

I

Essais théoriques et pratiques de navigation aérienne depuis
les temps anciens jusqu'à la fin du xviiie siècle.

L'invention des aérostats est tout à fait moderne, puisqu'elle date seulement de la fin du siècle dernier; mais il est probable que l'idée si séduisante de planer au-dessus des demeures terrestres, d'explorer les régions supérieures de l'atmosphère et de suivre les nuages dans leur course, flatta de bonne heure les imaginations ardentes, et que plus d'un esprit audacieux chercha jadis dans l'imitation du vol des oiseaux les moyens de réaliser ce beau rêve. On connaît l'aventure d'Icare, qui, selon la mythologie grecque, réussit à franchir les murs du labyrinthe de Crète avec des ailes artificielles, puis, s'étant trop approché du soleil, dont la chaleur fit fondre la cire qui attachait les ailes à ses épaules, tomba dans la mer, où il périt victime de sa témérité. Lucien raconte, d'autre part, que le devin du temple d'Hiérapolis s'élevait dans l'air; et Diodore de Sicile, que le Scythe Abaris fit en volant le tour du globe.

Tout le monde s'accorde à voir dans la fable d'Icare

une ingénieuse allégorie sur les dangers d'une ambition exagérée ; et, quant aux deux autres, ce sont évidemment des contes auxquels la superstition païenne la plus grossière pouvait seule ajouter foi. Pourtant il ne nous semble point déraisonnable d'admettre que des tentatives faites par quelques insensés aient fourni aux poëtes et aux historiens anciens le premier élément de leurs récits fantastiques. Mais laissons de côté les fables et les hypothèses, interrogeons l'histoire ; et si nous y apercevons à peine çà et là, dans une longue suite de siècles, la trace de quelques pas incertains vers la solution du problème de la navigation aérienne, nous y verrons cependant la preuve que cette solution fut, à diverses époques, l'objet de recherches plus ou moins éclairées, plus ou moins intelligentes.

La première tentative aérostatique qui ait une certaine authenticité est celle d'Archytas de Tarente, fameux géomètre et philosophe pythagoricien (1). Favorinus, et après lui Aulu-Gelle, affirment que ce savant avait construit un oiseau artificiel en bois, ayant à peu près la forme d'un pigeon. « Cet oiseau, dit Aulu-Gelle, pouvait voler par le moyen d'une puissance mécanique ; il se soutenait en contre-balançant la force qui tendait à le faire tomber ; il était animé par le souffle d'un esprit occulte qui y était renfermé (2). » Qu'était-ce que cet *esprit occulte?* probablement une supposition à l'aide de laquelle l'auteur a voulu expliquer ce qu'il ne comprenait pas ; car Favori-

(1) Il vivait au ive siècle avant l'ère chrétienne. Le poëte Horace lui a consacré une ode qui commence par ces beaux vers :

> Te maris et terræ numeroque carentis arenæ
> Mensorem cohibent, Archyta,
> Pulveris exigui prope littus parva Matinum
> Munera : nec quidquam tibi prodest
> *Aerias tentasse domos,* animoque rotundum
> Percurrisse polum, morituro !...

(Hor. lib. I, od. 23.)

(2) Ita erat scilicet libramentis suspensum, et aura spiritus inclusa atque occulta consitum.

(Aul. Gell. *Noct. Attic.,* lib. X, cap. xii.)

nus, sur l'assertion de qui il appuie la sienne, ne parle point de souffle ni d'esprit, et même, après avoir dit que le pigeon d'Archytas pouvait voler, il ajoute que *s'il venait à tomber il ne pouvait se relever*. Certains commentateurs ont voulu voir dans cet *esprit* un gaz plus léger que l'air (l'hydrogène sans doute); mais, outre que l'état de la science chimique au temps d'Archytas rend cette interprétation tout à fait improbable, la circonstance relatée par Favorinus paraît lui ôter toute valeur. Quant au fait en lui-même, il n'est pas impossible; mais on peut à bon droit s'étonner qu'une invention si prodigieuse pour l'époque où elle parut n'ait pas eu plus de retentissement, et que son auteur n'ait pas songé à en faire autre chose qu'un tour de force, un amusement puéril.

Pendant une longue période, on ne rencontre plus dans les auteurs sérieux aucune mention d'essais analogues. Il nous faut donc arriver de plain-saut à Roger Bacon. Celui-ci dit, dans son ouvrage *de Mirabili Potestate artis et naturæ*, qu'on *peut* faire *quelques* instruments volants, de manière qu'un homme assis au milieu fasse, au moyen de *quelque* mécanisme, mouvoir des ailes artificielles qui *puissent* battre l'air. Et il ajoute : « *Il y a certainement* une machine volante, *non que j'aie jamais connu un homme qui l'ait vue, mais je suis lié particulièrement* avec son ingénieux inventeur. » Ceci est fort vague, comme on le voit, et il est difficile d'appuyer de plus mauvaises raisons une affirmation aussi hardie. Cela n'a pas empêché qu'il ne se trouvât des gens pour attribuer à Roger Bacon l'invention des aérostats, en se fondant sur ce passage, comme on lui a aussi, sur des titres de même valeur, décerné le brevet d'inventeur de la poudre à canon.

Le siècle de Roger Bacon fut, on se le rappelle, celui où, l'Europe se remettant enfin de secousses produites par la formation laborieuse des États modernes et par le grand mouvement des croisades, les spéculations scientifiques, philosophiques et littéraires, les arts et l'industrie commencèrent à reprendre leur essor ; ce fut en quelque sorte l'âge d'une *première renaissance;* mais on avait perdu trop de terrain pendant ces mille années de convulsions nécessaires à l'enfantement d'un monde nouveau, pour que la trace des secrets de la nature se retrouvât aisément; et il devait s'écouler quatre siècles encore avant que, grâce à l'initiative puissante d'un autre Bacon, la science physique, mise en possession d'une méthode nouvelle, pût marcher d'un pas ferme dans la voie du progrès. Ne nous étonnons donc pas si, pendant cet intervalle, les recherches et les expériences relatives à l'aérostation n'amenèrent aucun résultat, et si nous ne trouvons dans la plupart des livres écrits sur ce sujet que des aperçus erronés ou des fables absurdes. C'est ainsi qu'on a écrit que Jean Muller, connu sous le nom de *le Régiomontain* (1), fit un aigle artificiel qui, lors de l'entrée de Charles-Quint à Nuremberg, vola au-devant de l'Empereur, et revint avec lui dans la ville. Or, à part les autres invraisemblances, il y a une très-bonne raison de ne rien croire de cette aventure : c'est que le Régiomontain mourut en 1476, c'est-à-dire près d'un quart de siècle avant la naissance de Charles-Quint. D'après le même auteur, ce Jean Muller aurait aussi confectionné une mouche *en fer* qui volait dans la chambre, et venait, après quelques évolutions, se poser dans la main de son maître.

Parmi les hommes qu'on s'est avisé de considérer comme inventeurs de l'aérostation, nous citerons encore un peintre justement renommé, Léonard de Vinci; mais il nous est absolument impossible de dire sur quelle circonstance a pu être fondée cette allégation.

Au XVIIe siècle, nous voyons le sujet qui nous occupe

(1) Né à Koningshowen ou à Kœnigsberg, en 1346, et célèbre surtout comme astronome. Ramus est le seul auteur qui parle des deux automates dont il est ici question : aucun historien allemand n'en avait dit mot. Jean Muller mourut à Rome, où le pape Sixte IV l'avait appelé.

traité avec quelque étendue par l'Anglais John Wilkins, évêque presbytérien de Chester (1). Cet écrivain déclare d'abord, dans sa *Découverte du nouveau monde,* qu'il croit à la possibilité d'une navigation aérienne fondée sur le même principe que la navigation ordinaire, c'est-à-dire sur la propriété qu'ont les vaisseaux de se soutenir à la surface d'un fluide, pourvu qu'ils soient remplis d'un fluide plus léger. Rien jusque-là que de juste et de rationnel. Mais, essayant ensuite dans son *Dédale* une théorie de la nouvelle navigation, ou du moins examinant par quels procédés on y parviendrait, Wilkins, perdant de vue son point de départ, et ne s'appuyant plus d'aucune donnée scientifique, s'égare dans des utopies absurdes. On peut, selon lui, concevoir la solution du problème par quatre moyens différents : soit 1° *par les esprits ou anges,* soit 2° par les oiseaux, soit 3° par des ailes attachées au corps, soit enfin 4° par un char volant. Nous ne ferons pas à Wilkins l'honneur de le suivre dans son exposé des deux premières méthodes, l'une supposant que l'homme pourrait asservir à ses caprices les puissances célestes, l'autre qu'on parviendrait à dompter, à atteler et à diriger dans les airs les oiseaux, comme on fait des chevaux et des mulets sur les routes. Nous nous bornerons donc à passer rapidement en revue avec lui les deux dernières solutions. Il ne regarde pas la troisième comme impraticable, et cite à l'appui de son opinion plusieurs tentatives qui, sans avoir été couronnées de succès, lui semblent néanmoins démontrer que l'art de voler est susceptible de perfectionnement. Il pense que, pour réussir dans ce genre, il suffirait de s'exercer dès l'âge le plus tendre et de poursuivre le but avec une persévérance opiniâtre ; cependant il reconnaît que les bras et les muscles pectoraux de l'homme sont loin d'avoir assez de force pour faire

____

(1) Né à Fawsley (comté de Northampton) en 1614, mort à Londres en 1672.

mouvoir des ailes, n'ayant pas été destinés à cet usage par le Créateur. « Il serait donc à propos, ajoute-t-il, de considérer si les pieds, qui sont naturellement plus forts et plus capables de supporter la fatigue, ne réussiraient pas mieux ; d'après cela, les ailes partiraient des épaules de chaque côté, mais le mouvement se ferait avec les jambes ; les mains et les bras seraient pour aider et diriger les mouvements, ou pour quelque autre usage proportionné à leurs forces. » Quant à la quatrième solution, Wilkins la trouve *tout à fait probable*. On va voir combien la manière dont il l'envisage est confuse, absurde et mal raisonnée : « C'est, dit-il, au moyen d'un char volant qui *peut être fait* de façon à enlever un homme ; et quoiqu'on pût employer la force d'un ressort pour donner le mouvement à cette machine, *il serait mieux encore d'avoir quelque moteur intelligent, comme celui qui est supposé donner le mouvement aux orbes célestes.* C'est pourquoi, *si elle était suffisamment grande* pour enlever plusieurs personnes à la fois, chacune *pourrait* travailler à son tour à donner le mouvement, qui, de cette manière, durerait plus longtemps que s'il ne dépendait que d'un seul homme. Cette méthode est autant au-dessus des autres que se servir d'un vaisseau est au-dessus de nager. »

Parmi ceux de ses contemporains qui ont voulu dire leur mot sur l'art de voler, Wilkins, malgré le vide de ses idées, n'est pourtant pas un des plus déraisonnables : la plupart n'ont émis que des hypothèses sans aucune base théorique ou expérimentale, et dont souvent le seul mérite est d'apprêter à rire par l'excès de leur extravagance. L'un, par exemple, conseillait de remplir avec de la rosée une grande quantité de *coquilles d'œufs;* « car le soleil raréfie et conséquemment élève la rosée, de sorte que *les coquilles d'œufs exposées à ses rayons s'élèveraient en raison de cette raréfaction,* AVEC UN AUTRE POIDS QU'ON POURRAIT Y ATTACHER. » Un autre proposait de *placer* sur les limites de notre atmosphère un vaisseau *rempli de feu* ou d'*air*

éthéré, lequel vaisseau nagerait là-dessus comme un vaisseau rempli d'air nage sur les eaux. Mais il ne disait ni
comment on remplirait un vaisseau de feu, ni ce que c'est
que l'*air éthéré* et où l'on en prendrait, ni par quel moyen
on arriverait à placer la machine sur les limites de notre
atmosphère, ni enfin, à supposer qu'on exécutât l'ascension, ce que deviendraient le vaisseau et les voyageurs
une fois qu'ils se trouveraient au-dessus de l'air respirable.

Le seul physicien d'alors dont les vues sur l'aérostation
aient eu quelque chose de judicieux et de rationnel est le
R. P. jésuite François Lana. Il prit pour point de départ la
pesanteur de l'air, et en inféra qu'un vaisseau où l'on aurait fait le vide pèserait moins que le volume d'air qu'il
déplacerait; qu'il serait donc possible de construire un
globe creux dont les parois auraient une épaisseur telle,
que, quand il ne contiendrait plus d'air, il monterait dans
ce milieu avec un poids additionnel. Lana donna même
les calculs nécessaires pour déterminer la grandeur de
quatre vaisseaux sphériques en cuivre qui, une fois qu'on
en aurait épuisé l'air, enlèveraient, croyait-il, dans l'atmosphère une nacelle avec des voyageurs. La seule chose
(très-importante pourtant) dont il n'ait pas tenu compte
dans ses calculs, c'est la pression de l'air, qui, s'exerçant
sur la surface extérieure des ballons, et n'étant neutralisée
par aucune tension intérieure, eût nécessairement écrasé
la machine; d'autres difficultés d'exécution insurmontables empêchèrent sans doute qu'on pût tenter l'expérience.

Vers le même temps, un nommé Jean-Baptiste Dante
fabriqua, dit Bourgeois dans ses *Recherches sur l'art de
voler*, des ailes qui lui servirent à s'élever dans l'air plusieurs fois; mais un jour il lui arriva de se casser une
jambe, et il ne recommença plus ses exercices.

Le *Journal des savants* du 12 septembre 1678 parle
aussi d'un certain Besnier qui parvint, avec quatre ailes

attachées à son corps et mues par ses seules forces, à descendre lentement et très-obliquement d'un lieu élevé jusqu'à terre ; il pouvait ainsi traverser une rivière ou tout autre espace semblable proche d'une élévation. Le fait assurément n'a rien d'improbable ; mais on n'y voit rien non plus d'intéressant pour la science.

En 1709, un Portugais, Bartholoméo-Laurent de Guzman, présenta au roi son maître un mémoire dans leque' il disait avoir inventé une machine volante capable de porter des hommes, et de naviguer dans les airs avec une grande rapidité ; le dessin de cette machine représentait un vaisseau ayant quelque chose de la forme d'un oiseau ; le mécanisme en était aussi bizarre que compliqué : des tubes devaient amener le vent dans des espèces de voiles, et de cette manière élever la machine ; à défaut de vent, le même effet devait être produit par des soufflets *ad hoc*. Le tout était surmonté d'un dais garni de morceaux d'ambre, l'inventeur s'imaginant que cette dernière substance contribuerait à rendre sa machine plus légère ; enfin deux aimants étaient renfermés dans des sphères. On parvint, dit-on, à surprendre la religion du roi de Portugal au point d'obtenir de lui une ordonnance qui, pour engager le pétitionnaire à s'appliquer avec ardeur au perfectionnement de sa découverte, le nommait premier professeur de mathématiques à l'université de Coïmbre, lui promettait la première place vacante au collége de Santarem, et enfin lui allouait une pension de six cent mille réaux. Cette ordonnance, vraie ou fausse, est datée du 17 avril 1709. Inutile d'ajouter que la machine ne fut point exécutée.

Selon Bourgeois, que nous avons cité tout à l'heure, Bartholoméo-Laurent et Guzman seraient deux personnages différents, et le dernier aurait construit en 1736 un panier d'osier de deux à trois mètres de diamètre, qui se serait élevé de lui-même aussi haut que la tour de Lisbonne, c'est-à-dire à environ soixante-six mètres au-dessus du sol. Bourgeois dit tenir le fait de deux témoins oculaires étrangers l'un à l'autre, et dont l'un avouait avoir attribué ce prodige à la magie. Cependant il n'en est point fait mention dans les *Récréations physiques*, ouvrage publié en 1751 par le Portugais François d'Almeida, et contenant un dialogue sur l'art de voler.

Nous pourrions prolonger encore cette revue des diverses idées et des projets de toutes sortes qui ne firent que paraître et disparaître jusqu'au moment où des expériences concluantes, ayant amené des résultats positifs, vinrent couper court à tant d'aberrations. Mais ce que nous avons exposé suffira, nous le pensons, pour montrer à nos lecteurs combien, dans cette question si intéressante de la navigation aérienne, la lumière eut de peine à pénétrer, et dans quel labyrinthe de folies il fallut errer avant de trouver un fil conducteur au moyen duquel on pût espérer d'entrer enfin dans la bonne voie.

Aussi bien, nous sommes arrivés au milieu du xviii° siècle; nous n'avons donc qu'un pas à faire pour atteindre l'époque où la première partie du problème aéronautique (1) fut résolue d'une manière sinon définitive (2), au moins rationnelle et pratique.

(1) Nous entendons par *première partie du problème* le moyen de monter en l'air et de s'y maintenir ; la *seconde partie* est la direction des aérostats.

(2) Nous nous réservons d'expliquer plus loin le doute exprimé ici sur l'avenir des ballons.

II

Première expérience aérostatique faite à Annonay. — Les frères
Montgolfier. — Leur vie, leurs travaux, leurs découvertes. —
Invention des ballons à air dilaté.

Le jeudi 5 juin 1783, la petite ville d'Annonay en Vivarais offrait le spectacle d'une animation inaccoutumée :
la population entière, grossie encore d'une foule de gens
des environs, se portait vers la place principale. Les états
particuliers de la province étaient alors réunis dans cette
localité; pourtant ce n'était pas une cause politique qui
provoquait tout ce mouvement. Si quelque étranger, se
trouvant là par hasard dans la foule, eût examiné atten-
tivement les physionomies, il n'y eût vu que l'expression
de la curiosité impatiente qu'excite la perspective d'un
spectacle inusité; s'il eût prêté l'oreille aux conversations
animées qui se croisaient en tous sens, il n'en eût rien compris, sinon qu'il s'agissait d'une chose nouvelle, tenant
presque du prodige, et accueillie, comme sont toujours
les choses nouvelles, par ceux-ci avec enthousiasme, par
ceux-là avec incrédulité, sans qu'en général le sentiment
des uns fût plus réfléchi que celui des autres. Cette mer-
veille toutefois n'était pas de celles qu'on voit de temps à
autre promenées dans les villes et dans les campagnes par
des spéculateurs de bas étage, pour servir d'amusement
au vulgaire; et il fallait bien qu'elle offrît un intérêt sérieux : car non-seulement on voyait mêlées à la foule des
personnes distinguées et respectables, des prêtres, des

gentilshommes, des savants, des magistrats, mais encore des députés aux états, spécialement invités, n'avaient pas dédaigné de suspendre leurs graves délibérations pour venir assister en corps à la cérémonie, qui revêtait ainsi un caractère presque solennel. Qu'allait-il donc se passer? Quel aimant magnétique attirait sur un même point, réunissait dans un même désir tant de gens différents d'âge, de sexe, d'esprit et de condition?... Suivons le flot, et voyons, nous aussi.

Un espace circulaire entouré d'une balustrade en bois, précaution nécessaire contre la curiosité tumultueuse du peuple, a été réservé sur la partie centrale de la place. Dans cette enceinte se dresse un appareil bizarre et peu fait pour flatter la vue : il se compose de quatre perches surmontées d'un châssis d'environ trois mètres carrés et soutenant à une certaine distance du sol une immense enveloppe en toile recouverte de papier, composée de plusieurs pièces jointes ensemble par des boutons et des boutonnières. Cela ne ressemble à rien qu'à un grand sac vide et renversé. L'orifice, relativement étroit, est tenu ouvert par un cercle en bois, et immédiatement au-dessous se trouve un tas de paille mêlée avec de la laine hachée. Une dizaine d'individus vont et viennent d'un air affairé autour de la machine ; parmi eux on remarque deux hommes de quarante à quarante-cinq ans, à la physionomie intelligente ; la ressemblance de leurs traits ne laisse aucun doute sur les liens d'étroite parenté qui les unissent. Ils portent seuls le costume des bourgeois aisés de l'époque : les autres, vêtus en artisans, reçoivent et exécutent leurs ordres. Les deux frères inspectent successivement avec une minutieuse attention toutes les parties de la machine, puis ils paraissent se concerter ; la foule se presse autour de la balustrade, suivant des yeux leurs moindres mouvements ; enfin l'un d'eux fait signe qu'il va parler : au brouhaha, aux chuchotements succède un profond silence.

« Messieurs, dit l'inconnu en s'adressant plus particulièrement aux députés, qui occupent les places d'honneur auprès de l'enceinte réservée, nous allons commencer l'expérience : on va allumer le tas de paille et de laine placé sous l'orifice de la machine; au bout de quelques minutes, cette enveloppe, gonflée par le gaz, prendra une forme sphérique et s'élèvera d'elle-même aussi haut que les nuages. »

En disant ces mots, il saisit une torche et met le feu au combustible, en même temps que les huit ouvriers saisissent les cordes attachées à la partie inférieure de la machine. La fumée, s'échappant du foyer qu'attisent les deux frères, s'engouffre dans l'enveloppe, qu'on voit se distendre et s'enfler rapidement jusqu'à ce qu'elle offre l'aspect d'un globe ayant plus de trente-trois mètres de circonférence. Alors elle s'ébranle, oscille, monte; les cordes se tendent, les ouvriers qui les retiennent sont presque soulevés. En ce moment le président des états donne le signal *de laisser aller,* et le ballon, abandonné à l'impulsion qui le sollicite, s'élève d'un mouvement accéléré aux acclamations du public, que ce spectacle étonnant pénètre d'admiration. Arrivé à la hauteur de deux cents mètres, le ballon s'arrête; puis, poussé par le vent dans une direction oblique, il va s'abattre doucement à près de dix-neuf cent cinquante mètres de son point de départ.

Nous venons d'assister, lecteurs, à la première expérience aérostatique qui ait obtenu la consécration d'un succès public. Les deux hommes par qui nous l'avons vu diriger avec tant de bonheur s'appelaient MM. DE MONTGOLFIER.

Voyons maintenant ce qu'étaient ces deux frères, et par quelle suite d'observations et d'essais ils étaient parvenus à un but poursuivi si longtemps en vain.

Joseph-Michel et Jacques-Étienne de Montgolfier appartenaient à une ancienne famille originaire des environs d'Ambert en Auvergne (1). A la fin du xvie siècle, un de leurs ancêtres, ayant perdu une grande partie de son avoir par suite des guerres civiles qui désolaient alors la France, quitta l'Auvergne et alla se réfugier dans les montagnes du Vivarais. Lorsque la conversion de Henri IV au catholicisme et son avénement au trône eurent rétabli l'ordre et la paix dans le royaume, Montgolfier s'établit avec sa famille à Vidalon-lez-Annonay, où il fonda une fabrique de papier, qui ne tarda pas à acquérir une grande importance. Au milieu du xviiie siècle, cette fabrique était honorablement connue dans toute l'Europe; elle était alors dirigée par Pierre de Montgolfier, industriel habile, et de plus homme intègre et bienfaisant, qui vivait en patriarche au milieu de ses ouvriers.

Pierre de Montgolfier eut trois fils. Nous ne dirons rien du premier, sinon qu'il mourut jeune et sans avoir laissé pour la postérité aucune trace de son passage en ce monde. Le second, Joseph-Michel, naquit à Annonay en 1740. Il fut placé de bonne heure, avec son aîné, au collége de Tournon. Mais déjà se montrait en lui un caractère bizarre, indomptable, une imagination inquiète et un esprit avide de l'inconnu. Incapable de se soumettre à la discipline uniforme et à l'enseignement méthodique du collége, il s'avisa un beau jour de franchir les murs de sa prison pour aller vivre de liberté et de coquillages sur les bords de la Méditerranée. Il avait alors treize ans. Voilà notre écolier cheminant par monts et par vaux, et s'imaginant que la manne allait lui tomber du ciel pour le nourrir. Au bout de deux jours la réalité commença de lui apparaître, et elle était loin de ressembler à l'idée qu'il s'en était faite. Pressé par le besoin, accablé de fatigue, il ne voulut néanmoins, soit mauvaise honte, soit obstination, rien tenter pour rentrer au collége ou dans sa famille. Il

(1) Il existe au nord-est d'Ambert une petite colline qui portait encore, il y a quelques années, le nom de *mont Golfier*. Là s'élevait jadis la résidence de la famille dont nous parlons.

s'arrêta dans une ferme, où il demanda qu'on le fît travailler et qu'on lui donnât un gîte et du pain. On l'employa à cueillir des feuilles de mûrier pour les vers à soie. Cependant ses parents, instruits de son escapade, s'étaient mis à sa recherche : ils n'eurent pas grand'peine à le découvrir, et, après une verte correction, ils le remirent aux mains de ses professeurs ; mais ceux-ci ne parvinrent pas beaucoup mieux qu'auparavant à plier le jeune Michel à la règle commune ; le grec, le latin, les études grammaticales et littéraires, en un mot tout ce qui n'offrait pas à son esprit l'attrait d'une application immédiate, lui inspirait une invincible répugnance. Lorsque, pour la première fois, on lui mit entre les mains un traité d'arithmétique, sa vocation décidée pour les sciences se révéla d'une manière évidente, sans donner à ses maîtres plus de prise sur lui pour le diriger. Le jeune homme lut le traité d'arithmétique avec avidité ; il saisit et retint tout d'un coup les principes fondamentaux sur lesquels reposent les mathématiques. Mais ici encore son esprit fantasque et impatient regimba contre la monotonie des déductions méthodiques. Sautant donc à pieds joints pardessus la théorie, il entra brusquement dans la pratique. Après quelques tâtonnements, il parvint à des résultats presque prodigieux ; les problèmes les plus compliqués et les plus ardus des mathématiques transcendantes n'étaient pour lui qu'un jeu : il les résolvait en un clin d'œil, par des procédés à lui, par une sorte d'intuition instinctive, et sans le secours d'aucune des règles enseignées dans les livres.

Ses études terminées tant bien que mal, Michel de Montgolfier ne voulut point résider dans sa ville natale. Cédant à ses goûts sauvages, il alla s'enfermer à Saint-Étienne-en-Forez, dans un réduit des plus humbles. Là, comme sa famille, n'approuvant pas la voie où il s'engageait, refusait de l'y soutenir, il vécut d'abord du produit de sa pêche ; puis il se monta un laboratoire et se mit à faire des expériences et des préparations chimiques, à fabriquer du bleu de Prusse et d'autres produits employés dans les arts, qu'il allait lui-même vendre dans les environs de Saint-Étienne. Cette petite industrie, non-seulement suffit à assurer son existence, mais lui permit encore d'amasser, à force d'économie, une somme assez ronde au moyen de laquelle il put réaliser un projet dès longtemps conçu et arrêté, celui d'aller à Paris.

En arrivant dans cette capitale, son premier soin fut de se faire indiquer le café Procope, lieu où se réunissaient chaque soir les écrivains et les savants les plus renommés de l'époque. Il réussit à se lier avec quelques-uns de ces derniers, et peut-être allait-il s'associer à leurs travaux, lorsque, son frère aîné étant mort, il fut rappelé par son père à Annonay, pour y prendre part à la direction de la manufacture. Michel obéit, et se signala d'abord par son intelligence, son zèle et son activité; mais il ne put longtemps triompher de son horreur innée des sentiers battus et des usages traditionnels, et manifesta bientôt des velléités de changement et de perfectionnement qui causèrent un véritable effroi à son père, vieillard sage, prudent et peut-être trop exclusivement attaché aux habitudes consacrées par le temps. Ne pouvant s'accorder à cet égard, ils se séparèrent : Pierre de Montgolfier demeura à Vidalon, où il fit venir son troisième fils, et Michel alla fonder deux nouvelles fabriques, l'une à Voiron, l'autre à Beaujeu. Il se trouva ainsi maître de ses mouvements, et put donner un libre cours à son goût pour les nouveautés. Malheureusement ce goût l'entraîna, au début, dans des expériences coûteuses, en même temps que son insouciance naturelle lui faisait négliger le soin de ses affaires commerciales; si bien qu'un jour il se trouva au bord de cet abîme qu'on nomme faillite. Le danger pourtant dura peu. Michel se releva et se lança avec une ardeur nouvelle dans la voie des découvertes. Plus heureux cette fois, il eut la satisfaction d'arriver à des résultats positifs ; il simplifia la fabrication du papier blanc ordinaire, améliora celle des différents papiers peints, imagina une machine pneumatique destinée à raréfier l'air dans les moules de sa fabrique, et préluda à l'invention des planches stéréotypes.

Sur ces entrefaites, Pierre de Montgolfier, arrivé à l'âge où les longues fatigues d'une vie consacrée au travail amènent les besoins impérieux du repos, remit aux mains de ses fils l'administration de la manufacture. Cette circonstance eut un heureux résultat, celui de rapprocher les deux frères. Séparés l'un de l'autre, ils avaient, chacun de leur côté, donné des preuves non douteuses d'une haute capacité ; mais c'était en se réunissant, en se combinant, en réagissant, pour ainsi dire, l'une sur l'autre, que leurs intelligences devaient manifester toute leur virtualité. Ces deux esprits n'avaient entre eux qu'un point (point essentiel, il est vrai) de ressemblance et presque d'identité : l'amour de la science et le goût des découvertes. Du reste, le contraste était frappant, mais il était de ceux d'où naît l'harmonie. A la témérité aventureuse, à l'imagination ardente, à l'insouciance distraite, à l'activité fantasque du premier, et à son mépris des connaissances spéculatives, correspondaient chez le second un caractère également étranger à la précipitation et à la timidité, une persévérance clairvoyante et réfléchie, et un jugement d'autant plus sûr qu'il était éclairé et soutenu par des connaissances profondes et raisonnées.

Il s'en fallait que Jacques-Étienne de Montgolfier se fût livré dans sa jeunesse aux mêmes écarts que son frère : bien que plus jeune de deux années, il avait toujours montré un naturel doux joint à une précoce maturité. Il avait été élevé au collége Sainte-Barbe, et s'était attiré par son application et sa docilité l'estime et l'affection de ses maîtres. Il avait, comme Michel, plus de goût et d'aptitude pour les sciences que pour les lettres ; néanmoins il ne négligea aucune partie de ses études classiques. Lorsqu'elles furent entièrement terminées, il resta à Paris pour se livrer à l'architecture sous la direction du célèbre Soufflot. Son père lui faisait une modique pension, dont il consacrait la presque totalité à l'achat de livres instructifs, se contentant pour vivre du peu d'argent qu'il gagnait à lever des plans.

En peu de temps il acquit assez de talent dans son art non-seulement pour se suffire entièrement à lui-même, mais encore pour prendre rang parmi les architectes distingués. Plusieurs maisons de Paris et quelques jolies églises des environs furent élevées d'après ses dessins : nous citerons entre autres l'église de Faremoutier, qui fut détruite en 93. Comme il dirigeait la construction de ce dernier édifice, il lia connaissance avec un fabricant de papiers nommé Réveillon (1), qui le chargea de construire d'abord un établissement à Faremoutier, puis un autre beaucoup plus considérable à Paris, dans le faubourg Saint-Antoine. Quelques années plus tard, Réveillon mettait ses ateliers et ses jardins à la disposition de Montgolfier pour ses expériences aérostatiques.

La mort de l'aîné des trois frères et la séparation qui ne tarda pas à s'opérer, pour incompatibilité d'humeur, entre leur père et Michel, obligèrent Étienne de renoncer à une carrière qui lui promettait de brillants succès. Il se rendit à Annonay et se donna tout entier à l'exercice de sa nouvelle profession. Plus heureux et plus habile que son frère, il sut inspirer à Pierre de Montgolfier une confiance qui lui permit d'introduire graduellement dans la fabrication du papier des améliorations réelles. On lui doit l'invention des formes pour le papier *grand-monde,* le secret du *vélin* et de plusieurs autres procédés étrangers que sa sagacité devina, et dont il dota généreusement son pays.

Étienne et Michel s'associèrent, ainsi que nous l'avons

(1) Il périt en 1789, victime d'un mouvement populaire auquel l'histoire a conservé le nom d'*émeute Réveillon.*

vu, lorsque leur père se retira. Rien de plus fraternel que leur association ; entre eux désormais tout fut commun : ressources matérielles, travaux, expériences, découvertes, gloire enfin, et il ne fallut pas moins que la mort de l'un d'eux pour rompre cette union touchante. Étienne de Montgolfier fut, jeune encore, enlevé le premier à sa famille, à ses amis et à la science. Comme il se rendait de Lyon à Annonay, le 2 août 1799, il mourut subitement à Serrières, de la rupture d'un anévrisme au cœur. Michel suivit jusqu'au bout sa brillante carrière. Il s'était, ainsi que son frère, tenu à l'écart pendant les orages de la révolution, sans que les services rendus à nos armées par les aérostats eussent attiré sur lui les regards du gouvernement. Lorsque le premier consul créa la Légion d'honneur, il fut décoré l'un des premiers du ruban de cet ordre. Plus tard, il devint administrateur du Conservatoire des arts et métiers, et membre du bureau consultatif des arts et manufactures près le ministère de l'intérieur. Enfin, en 1807, il fut élu membre de l'Institut. Il mourut aux eaux de Balaruc, le 26 juin 1810, à la suite d'une hémiplégie sanguine qui lui avait ôté l'usage de la parole. On lui doit la première idée d'une société d'encouragement pour l'industrie ; et parmi les inventions dont il enrichit les arts utiles, nous citerons le *bélier hydraulique,* qui par la seule impulsion d'une légère chute d'eau porte ce liquide à une hauteur de vingt mètres, et qu'il établit en 1792 dans sa papeterie de Voiron ; le *pyrobélier,* qui contenait en germe l'emploi de la vapeur comme force motrice ; un procédé ingénieux au moyen duquel un bateau peut, pour remonter une rivière, s'aider du courant même en prenant son point d'appui au fond de l'eau ; le *calorimètre,* instrument pour déterminer la qualité des tourbes du Dauphiné ; le plan d'une presse hydraulique qu'un Anglais nommé Bramah, à qui il l'avait communiqué, réalisa, tout en reconnaissant les droits de priorité de notre compatriote; un ventilateur opérant la distillation à froid par l'action de l'air en mouvement; enfin un appareil pour dessécher les aliments, et les rendre ainsi susceptibles d'être transportés sans altération a de grandes distances.

Michel de Montgolfier ne songea jamais à se réserver comme un privilége l'usage de l'exploitation de ses découvertes. Il exposait volontiers ses idées dans la conversation; mais, homme d'exécution et de pratique avant tout, il éprouvait de la répugnance et de la difficulté à les développer par écrit; on a pourtant de lui quelques mémoires sur les aérostats.

Nous avons eu, en traitant des *Feux de guerre*, occasion de montrer avec quelle facilité certains historiographes appellent leur imagination au secours de leur savoir en défaut. Il en est aussi qui, non contents d'assigner à toute invention un inventeur unique, croient donner du piquant à leur récit en rapetissant les faits historiques et en les assaisonnant d'anecdotes de leur fantaisie. Quelques-uns de ceux-ci ont voulu attribuer exclusivement, soit à Michel, soit à Étienne de Montgolfier, l'invention des aérostats. De là deux versions contradictoires, également fausses l'une et l'autre. Selon la première, Étienne de Montgolfier conçut l'idée d'un ballon en voyant s'enfler et se soulever une chemise qu'on faisait chauffer devant le feu. Selon la seconde, Michel se trouvait à Avignon à l'époque du siége de Gibraltar; il était assis dans sa chambre près de la cheminée, se livrant à ses méditations favorites, lorsqu'une estampe tomba sous ses yeux : elle représentait la ville assiégée, qui, située au sommet d'un rocher que les flots baignent de toutes parts, était considérée comme imprenable. En l'examinant, Michel se met à chercher s'il n'y aurait pas quelque moyen de pénétrer dans cette place; un seul se présenta à son esprit : « On ne peut, pense-t-il, arriver là que comme l'aigle et le vautour arrivent à leur aire, en s'élevant dans l'atmosphère... Mais quoi ! est-ce donc impossible ? » Son regard se porte machinalement sur la fumée qui du foyer s'élevait en spirales vers le ciel, et cette vue est pour lui comme une révélation soudaine. Il imagine aussitôt d'enfermer dans un récipient léger une quantité suffisante de vapeurs semblables, et d'en faire un véhicule pour voguer dans l'espace ; et, sans plus tarder, il construit lui-même un petit parallélipipède en papier, il en échauffe l'intérieur avec la flamme d'une bougie, et, le voyant s'élever jusqu'au plafond, il s'écrie comme Archimède : Εὕρηκα !

Le fait est que, de leur vivant, les frères Montgolfier ont constamment protesté contre toute assertion tendant à décerner à l'un, au détriment de l'autre, l'honneur d'une découverte qui appartient indivisiblement à tous deux ; c'est donc à la fois porter atteinte à la vérité et profaner ce lien touchant de solidarité fraternelle, que de se prétendre, mieux que les inventeurs eux-mêmes, instruit sur l'origine de leur découverte. Voici, du reste, ce que des témoignages honorables nous fournissent de plus authentique touchant les circonstances de ce fait important.

Ce fut à Vidalon, dans la demeure paternelle, en contemplant chaque jour le spectacle grandiose des nuages qui se forment et se groupent sur les cimes des Alpes, qu'Étienne et Michel de Montgolfier songèrent à la possibilité de la navigation aérienne. On sait que les nuages ne sont autre chose que de la vapeur d'eau, ou plutôt de l'eau dans un état de division telle, qu'on peut le considérer comme intermédiaire entre l'état liquide et l'état gazeux. Dans cet état, l'eau perd assez de sa gravité spécifique pour pouvoir surnager sur les couches les plus denses de l'air, jusqu'à ce qu'une cause mal connue (1) vienne la vaporiser tout à fait, ou la condenser et la faire

---

(1) Dans certains cas l'élévation ou l'abaissement de la température, dans d'autres l'électricité.

tomber sous forme de pluie, de neige ou de grêle. « Ne pourrait-on, se demandèrent d'abord MM. de Montgolfier, produire une sorte de nuages artificiels ayant, comme les nuages naturels, la propriété de flotter à une certaine hauteur au-dessus du sol? » Préoccupés de cette idée, ils tentèrent d'abord de la réaliser en remplissant de vapeur d'eau un vaisseau en toile ou en papier. Tant que la vapeur était chaude, ce vaisseau s'élevait en effet; mais, dès qu'elle se refroidissait, elle revenait à l'état liquide, et, loin de rendre alors le ballon plus léger, elle le rendait plus lourd en mouillant ses parois. Ils essayèrent sans plus de succès la fumée résultant de la combustion du bois, et sans doute ils eussent abandonné leurs projets à cet égard, si une circonstance fortuite ne fût venue leur fournir des lumières inattendues.

Étienne, se trouvant un jour à Montpellier, acheta chez un libraire de cette ville un ouvrage récemment publié par le chimiste Anglais Priestley, et intitulé : *Expériences sur les différentes espèces d'air,* où l'auteur exposait des observations nouvelles et intéressantes sur plusieurs gaz jusqu'alors inconnus dont il indiquait la nature et le mode de préparation. Étienne lut ce livre avec avidité; et en réfléchissant sur les propriétés des gaz décrits par Priestley, il entrevit dans la différence de leurs pesanteurs spécifiques un moyen de résoudre le grand problème de l'aérostation. Peut-être cette pensée, communiquée à tout autre qu'à son frère, eût été taxée alors d'extravagance; mais Michel de Montgolfier fut moins surpris que charmé lorsque Étienne, en revenant à Annonay, lui cria du plus loin qu'il l'aperçut: « Nous pouvons maintenant naviguer dans l'air! »

Désormais certains de réussir, les deux frères reprirent leurs expériences avec une ardeur nouvelle. Le gaz que son extrême légèreté spécifique désignait comme le plus approprié à leur dessein était assurément l'hydrogène, découvert en 1777 par Cavendish, qui l'avait appelé *air inflammable;* ils essayèrent d'en tirer parti, et l'on s'étonnera sans doute qu'ils ne s'y soient pas tenus. Mais l'hydrogène était encore à cette époque très-imparfaitement étudié; sa préparation était difficile et dangereuse, et, ce qui rebuta surtout MM. de Montgolfier, ce gaz a la propriété de s'échapper rapidement à travers les enveloppes poreuses. Or les matières dont ils se servaient pour confectionner leurs ballons étaient du papier et des étoffes qu'ils ne savaient pas rendre imperméables, comme on le fit bientôt après par un procédé aussi simple qu'ingénieux. Ils renoncèrent donc à tirer parti de l'hydrogène, et revinrent à leur idée primitive de produire des nuages artificiels. Ils se demandèrent quelle force pouvait maintenir en l'air ces masses de vapeur à demi condensées, et, n'en voyant pas d'autres que l'électricité, ils crurent pouvoir donner lieu au développement de ce fluide par le mélange intime des fumées que donneraient, en brûlant, de la paille légèrement humide et de la laine, cette dernière substance dégageant par sa combustion des gaz alcalins. Un ballon ouvert à sa partie inférieure, et placé au-dessus d'un foyer ainsi formé, s'éleva, en effet, à une certaine hauteur, et MM. de Montgolfier crurent avoir enfin trouvé et délié le nœud du problème. Ils se trompaient étrangement. Au fond cet essai n'était que la répétition de ce qu'ils avaient fait dès le début, et le résultat plus satisfaisant qu'ils obtenaient n'était dû ni à la nature différente de la fumée, ni au développement d'électricité, mais simplement, ainsi que le démontra bientôt après le physicien de Saussure en renouvelant l'expérience de Candido Buono (1), à la dilatation des gaz par la cha-

(1) Candido Buono, physicien italien, avait observé que lorsqu'on plaçait un fer rouge sous le plateau d'une balance, ce plateau était soulevé, et que l'autre penchait comme s'il eût été chargé d'un poids. M. de Saussure, pour prouver que le prétendu *gaz Montgolfier* n'était que de l'air dilaté, introduisit une sonde rougie au feu dans l'intérieur d'une vessie, qui en peu d'instants se gonfla et s'enleva vers le plafond.

leur. Si l'on demande comment, en ce cas, la même cause n'avait pas au commencement produit le même effet, nous répondrons que cela tenait uniquement, sans nul doute, à ce que l'appareil avait été d'abord mal disposé. Néanmoins MM. de Montgolfier se persuadèrent qu'ils avaient réellement découvert un nouveau gaz, et leur erreur fut longtemps répandue dans le public, où l'on parlait du *gaz de MM. de Montgolfier,* lequel était, disait-on, deux fois moins pesant que l'air respirable. Quoi qu'il en soit, les deux frères, encouragés par ce premier succès, se mirent à opérer sur une plus grande échelle. Ils construisirent un ballon de la capacité de vingt mètres cubes, portant à sa partie inférieure un réchaud sur lequel ils brûlèrent de la paille et de la laine, et ce ballon s'éleva avec tant de force, qu'il brisa les cordes qui le retenaient, et monta jusqu'à une hauteur de trois cents mètres. C'était là un résultat décisif, et l'expérience solennelle racontée au commencement de ce chapitre ne fut, pour ainsi parler, qu'un acte authentique de donation, par lequel les frères Montgolfier livraient à l'humanité leur glorieuse découverte.

III

Premier ballon à gaz hydrogène. — Étienne de Montgolfier à Paris.
— Expériences chez Réveillon et à Versailles. — Pilastre du
Rozier. — Première ascension effectuée par Pilastre et par le mar-
quis d'Arlandes. — Relation de ce dernier.

Les députés du Vivarais dressèrent eux-mêmes, du
fait merveilleux dont ils avaient été témoins, un procès-
verbal détaillé qu'ils envoyèrent à l'Académie des sciences
de Paris. L'Académie écrivit aussitôt à MM. de Montgolfier, les invitant à se rendre dans la capitale pour y renouveler leur expérience aux frais de la compagnie et
en présence d'une commission prise dans son sein. Cette
commission se composait de huit membres, savoir : Lavoisier, le marquis de Condorcet, Desmaret, l'abbé Bos-
sut, Ladet, Tillet, Leroy et Brisson.

Mais l'Académie, on le pense bien, ne fut pas seule
instruite de ce qui venait de se passer à Annonay : les ga-
zettes eurent bientôt annoncé partout la grande nouvelle, et la France entière s'en émut. Le public parisien
surtout, amateur, s'il en fut, de spectacles extraordi-
naires, enthousiaste du merveilleux, avide de nouveautés,
manifesta une impatience fiévreuse de voir de ses yeux
l'ascension d'un aérostat. La délibération prise par l'Académie était loin de le satisfaire : il savait trop avec quelle
lenteur méthodique procèdent les commissions de savants, et l'idée d'attendre lui était insupportable : il lui
fallut un ballon sur l'heure, à tout prix. M. Faujas de
Saint-Fond, professeur au jardin des Plantes, se chargea

d'organiser une souscription pour satisfaire dans le plus bref délai possible aux désirs de la population parisienne. Dix mille francs furent recueillis en peu de jours, et Faujas proposa aux frères Robert, fabricants d'instruments de mathématiques, de physique, etc., de construire et de préparer un ballon. Les frères Robert y consentirent, mais en faisant observer qu'ils ne pouvaient se mettre à l'œuvre sans être guidés dans leur travail par un homme dont l'intelligence et le savoir fussent capables de suppléer à ce qu'avaient d'obscur et d'incomplet les rapports publiés jusqu'alors sur le procédé des frères Montgolfier.

Or il y avait en ce temps à Paris un physicien qui avait des premiers applaudi à la découverte des aérostats, et cherchait de son côté, par des moyens à lui, à reproduire l'expérience faite à Annonay. Il se chargea volontiers de diriger les opérations et se fit fort de mener l'expérience à bonne fin. Charles (c'était le nom de ce physicien) avait lu, dans le procès-verbal rédigé par les députés du Vivarais, que le ballon de MM. de Montgolfier avait été gonflé avec un gaz *deux fois moins pesant que l'air atmosphérique*. Ce gaz lui était inconnu; mais il pensa que si un gaz de cette densité avait pu enlever une vaste enveloppe de toile et de papier, l'hydrogène ou l'*air inflammable,* comme on disait alors, dont la densité spécifique est à celle de l'air comme 1 est à 14, aurait une force ascensionnelle bien plus considérable encore. La facilité avec laquelle ce gaz s'échappe au travers les corps poreux ne fut pas ce qui l'embarrassa. Son esprit inventif eut bientôt trouvé un moyen d'obvier à cet inconvénient en enfermant l'hydrogène dans une enveloppe de taffetas rendue imperméable par un enduit fait avec du caoutchouc dissous dans l'essence de térébenthine.

Le plus difficile, ce fut la production du gaz lui-même, encore mal connu, ainsi que nous l'avons dit. L'appareil fut grossier : il consistait en un tonneau percé de deux trous, à l'un desquels était adapté un tube de cuir com-

muniquant avec le ballon, et dont l'autre se fermait avec
un bouchon de liége. Le tonneau contenait de la limaille
de fer sur laquelle on versait peu à peu de l'acide sulfurique. A mesure que l'hydrogène se formait, on ouvrait
pour lui livrer passage un robinet dont le tube de cuir
était muni. Le gaz arrivait ainsi tant mal que bien dans le
ballon; mais tels étaient les inconvénients qui résultaient
des défectuosités de cet appareil, que l'intrépide persévérance de Charles empêcha seule que les frères Robert
et M. de Saint-Fond abandonnassent l'entreprise. La
déperdition du gaz était énorme; de plus, la chaleur dé-
veloppée par la réaction rendait l'opération dangereuse:
il fallait arroser sans cesse le ballon pour le refroidir.
Enfin l'hydrogène, n'étant point lavé, en traînait avec lui
dans son récipient, en grande abondance, de la vapeur
d'eau rendue corrosive par la présence d'une quantité
notable d'acide sulfureux. Cette vapeur condensée dans
le ballon l'eût beaucoup alourdi, et peut-être l'eût crevé,
si l'on n'eût pris la précaution d'ouvrir fréquemment le
robinet pour laisser écouler le liquide : précaution indispensable, mais qui rendait plus considérable la perte de
gaz, la perte de temps et la consommation de matières
premières. Bref, il fallut quatre jours pour remplir aux
deux tiers seulement un ballon n'ayant que quatre mètres
environ de diamètre, et l'on n'usa pas moins de cinq cents
kilogrammes de fer et deux cent cinquante kilogrammes
d'acide sulfurique.

Cependant la population parisienne perdait patience et
commençait à se croire dupe d'une mystification. La
place des Victoires, où se trouvait la maison des frères
Robert, était continuellement encombrée d'une foule tellement compacte et turbulente, que le guet dut intervenir
pour empêcher une invasion des ateliers; et lorsqu'il
s'agit de transporter le ballon au Champ-de-Mars, d'où
il devait partir, on jugea prudent d'opérer nuitamment
cette translation, pour éviter de graves désordres et pro-

bablement un dommage qui eût fort compromis le succès
de l'expérience.

Le 27 août 1783, à deux heures du matin, le ballon et
l'appareil à hydrogène furent placés sur un brancard et
transportés, par des ouvriers, à la lueur des torches; et
l'on assure que parmi les rares passants qui rencontrèrent
ce bizarre cortége, plusieurs s'agenouillèrent sur son passage avec un respect superstitieux. Une enceinte avait
été disposée au Champ-de-Mars pour recevoir la machine
et tenir les curieux à distance des opérateurs. On y amarra
le ballon au moyen de cordages passés dans des anneaux
fixés au sol. Dès que le jour parut, la foule commença de
se porter vers le lieu de l'expérience : des piquets de soldats furent placés autour de l'enceinte et à toutes les
avenues; le Champ-de-Mars fut bientôt plein de monde;
mais ce vaste espace était bien insuffisant pour contenir la multitude immense de ceux qui voulaient jouir
d'un spectacle à la fois si nouveau et si attrayant. Aussi,
bien que la pluie tombât en abondance, tous les endroits
élevés d'où l'on pouvait espérer qu'on apercevrait l'aérostat de près ou de loin, furent promptement envahis :
les hauteurs de Chaillot, les tours de Notre-Dame, les
toits des maisons se couvrirent de curieux; les savants se
postèrent avec leurs instruments sur les terrasses du
Garde-Meuble pour observer la marche de l'expérience.

A midi tout était prêt; mais, malgré les représentations
de Charles, les frères Robert, voulant donner à leur ballon une forme tout à fait sphérique, pour flatter davantage
les yeux du public, avaient achevé de le gonfler en y in-
troduisant de l'air atmosphérique. A trois heures un
coup de canon donna le signal; les amarres furent coupées, et le globe monta rapidement. Un cri immense
d'admiration partit de toutes les poitrines, en même
temps que retentissait un deuxième coup de canon. En
deux minutes le globe alla disparaître dans un nuage,
qu'il traversa de bas en haut pour se montrer de nou-

2*

veau, puis disparaître encore dans une autre nue; il fut
ensuite entraîné obliquement par un courant d'air, mais
il ne fit pas longue route. Ce qu'avait prévu Charles arriva : le gaz, se dilatant à mesure que la pression de l'air
diminuait, acquit bientôt une tension qui fit crever l'enveloppe, et le ballon alla tomber à moitié vide près de
Gonesse, au milieu d'un groupe de paysans. Ceux-ci
en eurent d'abord une frayeur mortelle : ils crurent que
la lune ou quelque autre planète s'était détachée de la
voûte céleste et les allait écraser. Remarquant toutefois que cette masse était tombée légèrement et n'avait
pas les proportions énormes qu'ils lui supposaient, ils
s'enhardirent peu à peu ; quand ils virent qu'ils n'avaient
affaire qu'à un sac d'étoffe mince ne contenant rien que
du vent, leur épouvante se changea en une rage bru-
tale : ils mirent en lambeaux le ballon, l'attachèrent à la
queue d'un cheval et le promenèrent dérisoirement dans
le pays, comme pour se venger de la peur qu'il leur avait
causée.

Tel fut le sort pitoyable du premier aérostat à gaz
hydrogène. Cette aventure donna au gouvernement la
mesure de l'intelligence populaire et de l'accueil qu'elle
ferait aux nouvelles découvertes, si l'on ne prévenait
chez la masse ignorante des terreurs qui dégénéraient
ainsi en une colère aveugle. M. de Sauvigny, lieutenant
de police, fit rédiger en conséquence une pancarte qui
fut distribuée dans toute la France; elle était ainsi conçue :

AVIS AU PEUPLE

Sur l'enlèvement des ballons ou globes en l'air.

« On a fait une découverte dont le gouvernement a
« jugé convenable de donner connaissance, afin de pré-
« venir les terreurs qu'elle pourrait occasionner parmi
« le peuple. En calculant la pesanteur de l'air appelé in-
« flammable avec l'air de notre atmosphère, on a trouvé
« qu'un ballon rempli de cet air inflammable devait

« s'élever de lui-même dans le ciel jusqu'au moment où
« les deux airs seraient en équilibre, ce qui ne peut
« être qu'à une très-grande hauteur. La première expé-
« rience a été faite à Annonay, en Vivarais, par MM. de
« Montgolfier, inventeurs ; un globe de toile et de papier
« de cent pieds de circonférence, rempli d'air inflam-
« mable, s'éleva de lui-même à une hauteur qu'on n'a
« pu calculer. La même expérience vient d'être renou-
« velée à Paris, le 27 août, à trois heures du soir, en
« présence d'un nombre infini de personnes. Un globe
« de taffetas enduit de gomme élastique, de trente-six
« pieds de tour, s'est élevé du Champ-de-Mars jusque
« dans les nues, où on l'a perdu de vue. On se propose
« de répéter cette expérience avec des globes beaucoup
« plus gros. Chacun de ceux qui découvriront dans l'air
« de pareils globes, qui présentent l'aspect de la lune
« obscurcie, doit donc être prévenu que, loin d'être
« un phénomène effrayant, ce n'est qu'une machine tou-
« jours composée de taffetas ou de toile légère recouverte
« de papier qui ne peut causer aucun mal, et dont il est
« à présumer qu'on fera quelque jour des applications
« utiles aux besoins de la société.
« Lu et approuvé ce 3 septembre 1783.

« Sauvigny. »

Parmi les personnes qui assistaient à l'expérience du
27 août se trouvait Étienne de Montgolfier, lequel, sur
l'invitation de l'Académie des sciences, s'était rendu à
Paris. Le succès obtenu par MM. de Saint-Fond, Charles
et Robert avec un ballon à air inflammable ne le fit point
renoncer à l'emploi de la fumée de paille et de laine, soit
qu'il le crût réellement préférable, soit qu'il considérât
comme un devoir vis-à-vis de l'Académie et vis-à-vis du
public, de pousser jusqu'au bout l'essai de son système.
Il alla s'installer dans les vastes jardins dépendant de la
fabrique Réveillon, pour y construire son aérostat. Au

lieu de le faire de forme sphérique, il lui donna celle d'un prisme terminé en haut et en bas par deux pyramides, la seconde renversée et tronquée de manière à offrir un orifice assez large. Sa machine était en toile d'emballage doublée de papier en dedans et en dehors. La hauteur totale était de vingt et un mètres, et son diamètre de treize, proportions telles, qu'une fois gonflée elle devait enlever un poids de six cent vingt-cinq kilogrammes. Elle fut gonflée une première fois en neuf minutes, le 11 septembre 1783, et souleva jusqu'à une certaine distance du sol huit hommes qui la retenaient. Le lendemain, on se mit en devoir de faire l'expérience complète en présence des commissaires de l'Académie et plusieurs autres personnages distingués. Les manœuvres commencèrent malgré le mauvais temps : on brûla environ vingt-cinq kilogrammes de paille et cinq kilogrammes de laine sous le ballon, qui acquit une force ascensionnelle capable d'enlever un poids de deux cent cinquante kilogrammes; et on allait le lâcher quand arriva un courrier venant, de la part du roi, ordonner à M. de Montgolfier d'ajourner son expérience pour qu'elle eût lieu à Versailles le 19 du même mois. Les commissaires et la plupart des assistants firent observer qu'au point où l'on en était, il valait mieux aller jusqu'au bout, sauf à recommencer huit jours plus tard, selon le désir du roi, soit avec le même ballon, soit avec un autre; mais Montgolfier, craignant d'offenser le prince et voulant aussi éviter d'avoir à reconstruire un autre aérostat, résolut d'ajourner : il n'y gagna rien; car son appareil, qu'il eût peut-être sauvé en le lâchant, fut tellement avarié par la pluie et le vent, qu'il fallut néanmoins recommencer sur de nouveaux frais. Le temps pressait; toutefois on travailla avec tant d'activité que le nouveau ballon fut prêt au jour dit. Cette fois il était sphérique et fait en toile de coton peinte en bleu à la détrempe, et ornée de dessins et d'emblèmes en papier doré. On le transporta à Versailles, dans la grande cour du château, où une estrade avait été dressée pour le recevoir. Cette estrade avait été percée à son milieu d'une large ouverture dans laquelle on fit entrer le ballon, de sorte que son hémisphère supérieur figurât un dôme au centre de la plate-forme. Le réchaud, en fil de fer, destiné à recevoir la paille et la laine, reposait sur le sol.

L'expérience eut lieu en présence du roi, de sa famille, de sa cour et d'un grand concours de monde venu tout exprès à Versailles, quelques-uns admis dans l'intérieur des grilles, la plupart stationnant sur les places et sur les avenues adjacentes. A une heure, une première décharge de mousqueterie donna le signal de gonfler le ballon, ce qu'on fit en brûlant sous l'orifice quarante kilogrammes de paille et deux kilogrammes et demi de laine; une deuxième décharge annonça que tout était prêt, et à la troisième les cordes furent coupées. La machine s'éleva, poussée par un vent violent de sud-est qui lui fit une déchirure de plus de deux mètres, et elle alla s'abattre sur les arbres du bois de Vaucresson, aux regards étonnés de deux gardes-chasse; un canard, un coq et un mouton qu'on avait enfermés dans une cage d'osier suspendue au-dessous du ballon, sortirent de leur prison sans avoir éprouvé aucun mal, ce qui fit penser que des hommes pourraient, sans trop exposer leur vie, naviguer dans l'atmosphère par le même moyen. Ce fut dans ce but qu'Étienne de Montgolfier se remit à l'œuvre. Il construisit, toujours chez Réveillon, un ballon de dix-neuf mètres de hauteur sur quinze mètres et demi de diamètre, portant autour de son orifice une galerie en osier, recouverte de toile, et destinée à recevoir des voyageurs qui pourraient circuler autour du foyer et l'alimenter ou l'éteindre à leur gré. Le premier qui s'offrit à courir les risques d'une ascension fut un jeune chimiste que son amour pour la science et sa fin malheureuse ont rendu célèbre. Il se nommait Jean-François Pilastre du Rozier. Il était né à Metz en 1756. Admis à l'hôpital de cette

ville comme élève en chirurgie, son extrême sensibilité
lui rendit bientôt cette profession odieuse, et il entra chez
un pharmacien, où il acquit les premières notions de chimie. Il fit dans cette science de rapides progrès, et ne
tarda pas à passer du grade infime d'apprenti à celui de
manipulateur. Il voulut alors joindre à la connaissance
de la chimie celle de la physique et des mathématiques;
et quand il se sentit assez fort, il se rendit à Paris, et
ouvrit dans le Marais un cours où il continua de s'instruire en enseignant. Un de ses professeurs, M. Sage, lui
fit donner une chaire au collége de Reims; mais Pilastre
y resta peu de temps, et revint à Paris, où des amis influents obtinrent pour lui le poste honorable et avantageux
d'intendant des cabinets d'histoire naturelle et de physique de Monsieur (depuis Louis XVIII). Il conçut alors
et fit adopter par son illustre patron l'idée de transformer
ces cabinets en un musée ouvert aux étudiants, et destiné
à leur faciliter l'étude expérimentale des sciences. Il
trouva aussi. en travaillant sur les gaz, un procédé pour
combattre les effets des exhalaisons méphitiques, procédé qui lui valut les éloges et les encouragements de
l'édilité de Paris.

Aussitôt que Pilastre du Rozier connut la découverte
de MM. de Montgolfier, il se prit d'une passion ardente
pour la navigation aérienne, qui devint presque sa seule
occupation, et qui devait lui coûter la vie. On pense bien
qu'il ne perdit rien des expériences faites tant à Paris
qu'à Versailles, et ce fut principalement à sa sollicitation
qu'Étienne de Montgolfier se disposa à fabriquer un ballon
propre à recevoir des voyageurs, Pilastre s'étant engagé
formellement et publiquement à y monter le premier.

On jugea prudent de procéder graduellement et de retenir d'abord le ballon captif au moyen de cordes qu'on
filerait ou qu'on retirerait, suivant qu'on voudrait laisser
monter la machine, ou l'obliger à redescendre. Le premier essai eut lieu le mercredi 15 octobre 1783. Pilastre

seul se plaça dans la galerie, et on laissa monter la machine aussi haut que le permit la longueur des cordes,
c'est-à-dire à environ vingt-sept mètres. L'aéronaute
resta en l'air pendant quatre minutes et vingt-cinq secondes, après quoi il redescendit très-lentement et remit
pied à terre, assurant à ses amis et à la multitude qu'il
n'avait éprouvé aucune incommodité. Les essais se répé-
tèrent pendant plusieurs jours en présence des commissaires de l'Académie et d'une affluence considérable de
curieux. Plusieurs personnes s'enhardirent à monter dans
la galerie, entre autres M. Giraud de Villette et le marquis d'Arlandes; mais le plus assidu, le plus intrépide et
aussi le plus adroit à la manœuvre était toujours Pilastre
du Rozier. Un jour qu'on abaissait le ballon après une
station de neuf minutes à près de quatre-vingt-dix-sept
mètres au-dessus du sol, un coup de vent le porta sur
les arbres du jardin de Réveillon. La galerie s'embarrassa
dans les branches, et l'on craignait un accident grave;
mais Pilastre, avec un sang-froid et une présence d'esprit
admirables, jeta une botte de paille sur le foyer, qui se
ranima, et le ballon, rendu plus léger, se dégageant de
ses entraves, alla reprendre sa position première pour
redescendre ensuite sans encombre.

Ces expériences firent voir que l'aérostat peut monter
ou descendre au gré des aéronautes, selon qu'ils augmen-
tent ou diminuent le feu dans le réchaud. On commença
donc à considérer comme possible une ascension à ballon non captif, ou, selon l'expression consacrée, à *ballon
perdu*, et l'on songea à organiser une expérience décisive. L'affluence des curieux autour de la maison de
Réveillon et dans tout le faubourg Saint-Antoine fit juger
avec raison qu'il serait nécessaire de transporter ailleurs
le théâtre de cette expérience, afin d'éviter un encom-
brement des rues de la ville; le Dauphin leva cette difficulté en offrant son vaste jardin de la Muette, situé hors
des murs de Paris; mais des dangers d'une autre nature

apparurent tout à coup aux yeux des commissaires de l'Académie et d'Étienne de Montgolfier lui-même : on redoutait pour les aéronautes, ainsi que pour la population et pour les maisons, la présence en l'air d'un foyer incandescent dont on pourrait bien ne pas rester assez maître.

Ces craintes causèrent un revirement qui faillit empêcher l'entreprise. Le roi, supplié d'intervenir, défendit d'abord formellement qu'aucun de ses sujets s'exposât aux dangers d'une ascension; puis, sollicité en sens contraire, il voulut que si des hommes couraient cette chance, ce fussent des criminels condamnés à mort.

A cette nouvelle, Pilastre se récrie indigné, réclamant pour lui un honneur que ne méritent pas de vils scélérats. Il met en campagne tout ce qu'il peut rallier de personnages influents, entre autres la duchesse de Polignac; il obtient du marquis d'Arlandes le témoignage qu'il n'y a aucun danger et la promesse de faire partie de l'expédition, remue ciel et terre, tant et si bien que le roi finit par céder et accorder l'autorisation.

L'expérience, d'abord fixée au 20 novembre, fut remise au lendemain à cause du mauvais temps.

Le 22 donc, à midi, tout étant prêt, Pilastre du Rozier et le marquis d'Arlandes se placèrent dans la galerie, l'un d'un côté, l'autre au côté opposé, pour maintenir la machine en équilibre; mais on voulut quelque temps la retenir avec les cordes; le vent l'agita alors violemment, la ramena contre terre et l'endommagea beaucoup; elle faillit même brûler entièrement, et il fallut près de deux heures pour la réparer.

L'aérostat ne quitta donc la terre qu'à une heure cinquante minutes. Son poids total avec les deux voyageurs et le combustible dont ils avaient fait provision, était de huit cents à huit cent cinquante kilogrammes. Il fut néanmoins enlevé à une grande hauteur, et en peu d'instants le public, plein d'admiration, perdit de vue les aéro-

nautes, qui le saluaient du geste. On vit seulement l'aérostat suivre l'impulsion du vent, remonter d'abord le
fleuve, puis glisser dans la direction du sud-est. Comme
il restait à une grande élévation, on put, de presque
tous les points de Paris, suivre des yeux sa marche depuis son départ de la Muette jusqu'à sa descente sur la
Butte-aux-Cailles, non loin des barrières d'Enfer et de
Fontainebleau; mais nos lecteurs préféreront sans doute
au témoignage des spectateurs le récit détaillé du voyage,
écrit par l'un des deux aéronautes, le marquis d'Arlandes,
à M. Faujas de Saint-Fond.

Le voici textuellement :

« Nous sommes partis du jardin de la Muette à une
heure cinquante minutes. La situation de la machine était
telle, que M. Pilastre du Rozier était à l'ouest, et moi à
l'est; l'aire du vent était à peu près nord-ouest. La machine, dit le public, s'est élevée avec majesté ; mais il
me semble que peu de personnes se sont aperçues qu'au
moment où elle a dépassé les charmilles, elle a fait un
demi-tour sur elle-même ; par ce changement, M. Pilastre
s'est trouvé en avant de notre direction, et moi, par conséquent, en arrière.

« Je crois qu'il est à remarquer que dès ce moment
jusqu'à celui où nous sommes arrivés, nous avons conservé la même position par rapport à la ligne que nous
avons parcourue. J'étais surpris du silence et du peu de
mouvement que notre départ avait occasionné parmi les
spectateurs; je crus qu'étonnés et peut-être effrayés de
ce nouveau spectacle, ils avaient besoin d'être rassu-
rés. Je saluai du bras avec peu de succès ; mais ayant
tiré mon mouchoir, je l'agitai, et je m'aperçus alors d'un
grand mouvement dans le jardin de la Muette. Il m'a
semblé que les spectateurs qui étaient épars dans cette
enceinte se réunissaient en une seule masse, et que, par
un mouvement involontaire, elle se portait, pour nous
suivre, vers le mur, qu'elle semblait regarder comme

le seul obstacle qui nous séparait. C'est dans ce moment que M. Pilastre me dit :

« — Vous ne faites rien, et nous ne montons guère.

« — Pardon, » lui répondis-je.

« Je remis une botte de paille, je remuai un peu le feu, et je me retournai bien vite; mais je ne pus retrouver la Muette. Étonné, je jette un regard sur le cours de la rivière : je la suis de l'œil, enfin j'aperçois le confluent de l'Oise. Voilà donc Conflans; et, nommant les autres principaux coudes de la rivière par le nom des lieux les plus voisins, je dis : Poissy, Saint-Germain, Saint-Denis, Sèvres; donc je suis encore à Passy ou à Chaillot; en effet, je regardai par l'intérieur de la machine, et j'aperçus sous moi la Visitation de Chaillot. M. Pilastre me dit en ce moment :

« — Voilà la rivière, et nous baissons.

« — Eh bien, mon cher ami, du feu. »

« Et nous travaillâmes. Mais, au lieu de traverser la rivière, comme semblait l'indiquer notre direction qui nous portait sur les Invalides, nous longeâmes l'île des Cygnes, nous rentrâmes sur le principal lit de la rivière, et nous la remontâmes jusques au-dessus de la barrière de la Conférence. Je dis à mon brave compagnon :

« — Voilà une rivière qui est bien difficile à traverser.

« — Je le crois bien, me répondit-il, vous ne faites rien.

« — C'est que je ne suis pas si fort que vous, et que nous sommes bien. »

« Je remuai le réchaud, je saisis avec une fourche ma botte de paille, qui, sans doute trop serrée, prenait difficilement; je la levai, je la secouai au milieu de la flamme. L'instant d'après, je me sentis enlever comme par-dessous les aisselles, et je dis à mon cher compagnon :

« — Pour cette fois, nous montons.

« — Oui, nous montons, me répondit-il, » sorti de l'intérieur, sans doute pour faire quelques observations.

« Dans cet instant, j'entendis vers le haut de la machine un bruit qui me fit craindre qu'elle n'eût crevé. Je regardai, et je ne vis rien. Comme j'avais les yeux fixés au haut de la machine, j'éprouvai une secousse : et c'était alors la seule que j'eusse ressentie.

« La direction du mouvement était de haut en bas. Je dis alors :

« — Que faites-vous? Est-ce que vous dansez?

« — Je ne bouge pas.

« — Tant mieux, dis-je : c'est enfin un nouveau courant qui, j'espère, nous sortira de la rivière. »

« En effet, je me tournai pour voir où nous étions, et je me trouvai entre l'École-Militaire et les Invalides, que nous avions déjà dépassés d'environ quatre cents toises. M. Pilastre me dit en même temps :

« — Nous sommes en plaine.

« — Oui, lui dis-je, nous cheminons.

« — Travaillons, me dit-il, travaillons. »

« J'entendis un nouveau bruit dans la machine, que je crus produit par la rupture d'une corde. Ce nouvel avertissement me fit examiner avec attention l'intérieur de notre habitation. Je vis que la partie qui était tournée vers le sud était remplie de trous ronds, dont plusieurs étaient considérables. Je dis alors :

« — Il faut descendre.

« — Pourquoi?

« — Regardez, » dis-je.

« En même temps je pris mon éponge, j'éteignis aisément le peu de feu qui minait quelques-uns des trous que je pus atteindre; mais m'étant aperçu qu'en appuyant pour essayer si le bas de la toile tenait bien au cercle qui l'entourait, elle se détachait très-facilement, je répétai à mon compagnon :

« — Il faut descendre. »

« Il regarda sous lui et me dit :

« — Nous sommes sur Paris.

« — N'importe, lui dis-je. Mais voyons, n'y a-t-il aucun danger pour vous? Êtes-vous bien tenu?

« — Oui. »

« J'examinai de mon côté, et j'aperçus qu'il n'y avait rien à craindre. Je fis plus, je frappai de mon éponge les cordes principales qui étaient à ma portée; toutes résistèrent, il n'y eut que deux ficelles qui partirent. Je dis alors :

« — Nous pouvons traverser Paris. »

« Pendant cette opération nous nous étions sensiblement approchés des toits; nous faisons du feu, et nous nous relevons avec la plus grande facilité. Je regarde sous moi, et je découvre parfaitement les Missions-Étrangères. Il me semblait que nous nous dirigions vers les tours de Saint-Sulpice, que je pouvais apercevoir par l'étendue du diamètre de notre ouverture. En nous relevant, un courant d'air nous fit quitter cette direction pour nous porter vers le sud. Je vis sur ma gauche une espèce de bois que je crus être le Luxembourg. Nous traversâmes le boulevard. Je m'écriai :

« — Pour le coup, pied à terre ! »

« Nous cessons le feu. L'intrépide Pilastre, qui ne perd point la tête et qui était en avant de notre direction, jugeant que nous donnions dans les moulins qui sont entre le Petit-Gentilly et le boulevard, m'avertit : je jette une botte de paille en la secouant pour l'enflammer plus vivement; nous nous relevons, et un nouveau courant nous porte un peu sur la gauche. Le brave du Rozier me crie encore :

« — Gare les moulins ! »

« Mais mon coup d'œil, fixé par le diamètre de notre ouverture, me faisant juger plus sûrement de notre direction, je vis que nous ne pouvions pas les rencontrer, et je lui dis :

« — Arrivons. »

« L'instant d'après, je m'aperçus que je passais sur

l'eau. Je crus que c'était encore la rivière; mais, arrivé à terre, j'ai reconnu que c'était l'étang qui faisait aller les machines de la manufacture de toiles peintes de MM. Brenier et Cie.

« Nous nous sommes posés sur la Butte-aux-Cailles, entre le Moulin-des-Merveilles et le Moulin-Vieux, environ à cinquante toises l'un de l'autre. Au moment où nous étions près de terre, je me soulevai sur la galerie en appuyant mes deux mains. Je sentis le haut de la machine passer faiblement sur ma tête, je la repoussai et sautai hors de la galerie. En me retournant vers la machine, je crus la trouver pleine; mais quel fut mon étonnement! elle était parfaitement vide et totalement aplatie. Je ne vois point M. Pilastre, je cours de son côté pour l'aider à se débarrasser de l'amas de toile qui le couvrait; mais avant d'avoir tourné la machine, je l'aperçois sortant de dessous en chemise, attendu qu'avant de descendre il avait quitté sa redingote et l'avait mise dans son panier.

« Nous étions seuls et pas assez forts pour renverser la galerie et retirer la paille qui était enflammée. Il s'agissait d'empêcher qu'elle ne mît le feu à la machine. Nous crûmes alors que le seul moyen d'éviter cet inconvénient était de déchirer la toile. M. Pilastre prit un côté, moi l'autre, et, en tirant violemment, nous découvrîmes le foyer. Du moment qu'elle fut délivrée de la toile qui empêchait la communication de l'air, la paille s'enflamma avec force. En secouant un des paniers, nous jetons le feu sur celui qui avait transporté mon compagnon; la paille qui y restait prend feu; le peuple accourt, se saisit de la redingote de M. Pilastre et se la partage. La garde survient; avec son aide, en dix minutes notre machine fut en sûreté, et une heure après elle était chez M. Réveillon, où M. de Montgolfier l'avait fait construire. »

Les aéronautes n'avaient éprouvé aucun mal; beaucoup de gens de qualité arrivèrent, les uns à cheval, les autres en voiture, sur le lieu où ils étaient descendus, entre autres le duc de Chartres et le comte de Laval; la duchesse de Polignac avait aussi envoyé des courriers pour s'informer du sort des audacieux voyageurs. On voulait ramener à la Muette Pilastre et le marquis d'Arlandes; mais le premier, n'ayant d'autre vêtement qu'une mauvaise redingote d'emprunt, persista à se retirer dans l'habitation la plus proche; le marquis partit avec le regret de laisser là son brave compagnon, et revint à la Muette, où sa rentrée fut, comme on peut l'imaginer, un véritable triomphe.

IV

Les ballons à feu, et les ballons à air inflammable. — Services rendus par Charles à l'aérostation. — Biographie de ce physicien. — Voyage aérien exécuté au moyen d'un ballon à hydrogène par Robert et Charles. — Relation de ce dernier, etc.

La courageuse initiative prise par Pilastre du Rozier et par le marquis d'Arlandes eut des conséquences importantes. Elle démontra péremptoirement la possibilité de la navigation aérienne, mit à l'ordre du jour l'étude pratique de cet art, signala les principales défectuosités qu'il apportait en naissant, et indiqua dans quel sens on devait diriger les recherches ayant pour but de le perfectionner.

Déjà, dans le monde éclairé, l'on était revenu de l'erreur qui avait fait croire à l'existence d'un gaz particulier résultant de la combustion du mélange de paille et de laine, et les frères Montgolfier n'avaient pas été les derniers à reconnaître dans la dilatation de l'air par la chaleur la seule cause de l'ascension de leurs machines, qui reçurent dès lors le nom de *ballons à feu* ou *montgolfières*. Or l'emploi de ces ballons présentait de graves inconvénients.

En premier lieu, on ne pouvait contester la valeur des objections soulevées au moment de l'expérience du 21 novembre, et relatives au peu de sécurité qu'offraient la construction de ces machines et leur mode d'ascension. Il y avait, en effet, danger, d'une part pour les aéronautes emprisonnés dans une galerie d'osier chargée de paille et voisine d'un foyer incandescent dont la flamme s'engouffrait dans un vaisseau de toile et de papier; d'autre part pour les maisons, les personnes, etc., situées au-dessous du parcours de la machine ignifère, et sur lesquelles un accident pouvait en faire tomber les débris enflammés.

En second lieu, ce système était condamné par sa nature même à une impuissance à peu près absolue sous le rapport des progrès qu'on voulait réaliser; car la faible différence de gravité spécifique entre l'air ordinaire et l'air dilaté ne permettait de s'élever qu'à une médiocre hauteur, et la provision de combustible qu'on pouvait emporter, assez considérable pour appesantir encore l'aérostat, l'était trop peu pour fournir aux besoins d'une longue course.

En troisième lieu, quelque soin que l'on prît de la garantir, l'enveloppe était promptement crevassée et mise hors de service par le feu, et enfin les voyageurs, obligés de s'occuper constamment à activer ou à ralentir la combustion, à pourvoir à la conservation de la machine et à en surveiller la marche, n'avaient le loisir de se livrer à aucune observation physique ou météorologique tant soit peu suivie, et leur voyage n'était, après tout, qu'un tour de force stérile et dangereux.

Ces diverses considérations frappèrent vivement l'esprit de l'habile physicien que nous avons vu déjà créer en quelque sorte de toutes pièces, avec une merveilleuse promptitude et en dépit d'énormes difficultés, le ballon à *air inflammable* enlevé au Champ-de-Mars le 27 août 1783. Charles avait du premier coup d'œil reconnu dans l'hydrogène le seul gaz propre à gonfler les ballons, et du premier bond il avait franchi les obstacles où s'étaient arrêtés les frères Montgolfier. Il lui était en outre réservé non-seulement de faire prévaloir son système sur celui des deux savants industriels d'Annonay, mais encore de résoudre seul en quelques jours, par des moyens dont la simplicité porte le sceau du génie, les parties essentielles du problème de l'aérostation. C'est ainsi qu'il substitua à l'air dilaté l'*air inflammable*, à l'enveloppe en toile et en papier celle en taffetas enduit d'un vernis au caoutchouc; qu'il imagina la nacelle où se placent commodément les voyageurs, le filet qui la supporte et qui en même temps maintient et renforce les parois du globe, le lest qu'on jette à volonté pour alléger et faire monter la machine, et la soupape, qui, donnant issue au gaz, empêche qu'il ne crève le vaisseau dans les couches trop peu denses de l'air, et permet qu'on règle la descente de l'aérostat; c'est ainsi qu'il eut l'idée de recourir au baromètre pour déduire à chaque instant, des oscillations du mercure, la position qu'on occupe dans l'atmosphère.

On n'a depuis soixante-dix ans rien changé et presque rien ajouté aux dispositions imaginées par Charles, et les ballons que de nos jours on donne si fréquemment en spectacle au public ne sont que la copie, indéfiniment reproduite avec d'insensibles modifications, de celui que ce physicien fit construire au mois de décembre 1783. Charles fut donc au moins autant que MM. de Montgolfier le père de l'aérostation; car, si ces deux frères furent, malgré leurs erreurs, assez bien servis du hasard pour arriver les premiers à un résultat pratique, tous les perfectionnements rationnels et vraiment scientifiques introduits ensuite dans la construction et la manœuvre des ballons furent exclusivement l'œuvre de Charles. Et comme on aime d'ordinaire à ne pas ignorer tout à fait la vie de ceux dont le nom est attaché à quelque œuvre importante, nous pensons que nos lecteurs ne nous sauront pas mauvais gré de consacrer ici à l'émule des frères Montgolfier une courte notice biographique.

Charles (Jacques-Alexandre-César) naquit à Beaugency le 12 novembre 1746. Il montra de bonne heure une singulière aptitude à tous les exercices de l'esprit, et

dans la culture des arts libéraux aussi bien que dans celle
des sciences physiques et mathématiques il fit preuve
d'intelligence et de talent. Il ne paraît pas toutefois
que ses parents aient songé à encourager chez lui d'aussi
heureuses dispositions; car, après des études assez
incomplètes, on le fit entrer dans un bureau. Il y resta
peu de temps, non qu'il ne s'acquittât avec zèle de ses
fonctions; mais le mauvais état des finances du royaume
ayant rendu des économies nécessaires, on crut devoir
supprimer un certain nombre d'emplois, et, comme il
arrive d'ordinaire, les employés subalternes furent moins
épargnés que les grands. Charles se trouvait dans la première catégorie; il fut congédié. Il avait précédemment
consacré une partie de son traitement à satisfaire son
goût pour l'étude et l'enseignement des sciences, en se
montant un petit cabinet de physique où il exécutait des
expériences en présence de quelques amis. Lorsque son
emploi lui fut ôté, il songea à se faire un moyen d'existence de ce qui, la veille, n'était pour lui qu'une simple
récréation, et transforma ses séances gratuites en un
cours où l'on n'assistait que moyennant une certaine
rétribution. Il se fit, en un mot, professeur de physique
expérimentale; et comme à un extérieur à la fois agréable
et imposant, à une physionomie expressive, à un organe
sonore, à une élocution dont la vivacité pittoresque
faisait oublier l'incorrection, il joignait un art et une
adresse incomparables dans le choix de ses expériences
et dans la reproduction des phénomènes naturels, il eut
bientôt à se louer du parti qu'il avait pris. Les circonstances lui vinrent d'ailleurs en aide: les découvertes du
célèbre Franklin sur l'électricité étaient alors l'objet
d'un enthousiasme non moins grand que celui dont on
salua ensuite l'apparition des aérostats, et le public se
portait avec empressement aux leçons d'un professeur
qui, plus que tout autre, savait frapper les yeux et l'esprit
par l'à-propos, et, si nous pouvons ainsi dire, par la

magnificence de son enseignement. S'agissait-il du microscope, Charles produisait des grossissements énormes; de la chaleur réfléchie, il incendiait des objets à des distances prodigieuses; et lorsqu'il eut à exposer les phénomènes électriques, il y procéda en foudroyant des animaux et en allant, au moyen d'un cerf-volant, soutirer aux nuages orageux leur redoutable fluide.

En peu de temps sa renommée fut européenne ; son cours devint le rendez-vous de la société la plus élégante en même temps que des personnes les plus distinguées par leur savoir; et Charles eut l'honneur de compter parmi ses auditeurs Franklin lui-même, qui, charmé de la manière dont ses travaux étaient expliqués et reproduits, combla d'éloges l'éminent professeur, auquel, disait-il, la nature semblait obéir. » Un des effets de cette réputation fut d'attirer sur notre héros l'attention du gouvernement, qui offrit de lui rendre sa charge. Charles ne l'accepta qu'à condition de pouvoir la céder, comme cela se pratiquait alors; il en consacra le prix à l'acquisition de nouveaux instruments et à l'agrandissement de son cabinet. Nous avons parlé et nous parlerons encore des services qu'il rendit à l'art aérostatique.

Il mérita par ses services que Louis XVI lui accordât une pension et invitât l'Académie des sciences à joindre son nom à celui des frères Montgolfier sur la médaille frappée pour perpétuer le souvenir de leur découverte. En 1785, il fut nommé membre de l'Académie et autorisé à transporter au Louvre son cabinet de physique et son domicile. Ce fut là qu'il reçut un jour la visite de Marat. Celui-ci était alors médecin; et préludait à son rôle futur d'énergumène révolutionnaire en essayant de bouleverser la science. Ne pouvant faire partager à Charles ses opinions, il s'échauffa au point de se laisser aller à une colère aveugle, et se précipita l'épée à la main sur le physicien, qui, ayant sur lui l'avantage de la vigueur et du sang-froid, n'eut pas de peine à le désarmer. On emporta Marat privé de l'usage de ses sens, tant le sang avait afflué à son cerveau malade. Malgré cette aventure, Charles ne fut point inquiété pendant la Terreur, et reprit paisiblement ses leçons aussitôt que, le calme commença de se rétablir. En 1795 il fut désigné l'un des premiers pour faire partie de l'Institut, et cette compagnie fit de lui son bibliothécaire. Un peu plus tard il se vit confier la chaire de physique au Conservatoire des arts et métiers; et le gouvernement fit l'acquisition de son cabinet, dont la jouissance lui fut néanmoins laissée tant qu'il vécut. Charles mourut de la pierre, le 7 avril 1823. On lui doit l'invention du *mégascope;* ses œuvres écrites se bornent à quelques mémoires compris dans le recueil de l'Académie des sciences, et à un certain nombre d'articles publiés dans l'*Encyclopédie méthodique*.

Quelques jours s'étaient à peine écoulés depuis l'ascension de Pilastre et du marquis d'Arlandes, lorsque les journaux annoncèrent « qu'une souscription était « ouverte pour la construction et l'appareillement d'un « globe de soie devant porter deux voyageurs, lesquels « s'enlèveraient à ballon perdu, et tenteraient en l'air « des observations et des expériences de physique. » Le public se rendit à cet appel avec empressement, et dès le 2 novembre on put voir le ballon gonflé d'air suspendu à l'entrée de la grande allée des Tuileries. Son diamètre était de neuf mètres; il était à bandes alternativement rouges et jaunes, enveloppé de son filet, auquel était suspendu un char bleu et or. On disposa dans le bassin situé en face du pavillon central un appareil à hydrogène composé de vingt-cinq tonneaux munis de tubes qui conduisaient le gaz dans une vaste cuve pleine d'eau, destinée à le refroidir et à le débarrasser des gaz étrangers qu'il entraînait avec lui; de cette cuve, l'hydrogène passait, par un tuyau plus large, dans l'intérieur du ballon. Il fallut quatre jours pour remplir l'aérostat, et encore eut-on à craindre un moment de voir tout l'appareil détruit. Un des tonneaux sauta pendant la nuit, et si l'on n'eût fermé aussitôt le robinet de communication, l'explosion se fût sans doute propagée; mais cette précaution empêcha que le dommage ne fût sérieux. On continua donc l'opération, qui se trouva terminée au jour dit, 1er décembre 1783.

A midi, tout était prêt. Les corps savants et les hauts souscripteurs (1) occupaient les places réservées autour du bassin. Le reste du jardin était rempli par la plèbe de ceux dont la mise n'avait été que de trois livres. Quant aux curieux non payants, ils se pressaient aux alentours sur les quais, sur le Pont-Royal, sur la place Louis XV, aux fenêtres, et jusque sur les toits des maisons. On attendait impatiemment; tout à coup le bruit se répand que le roi s'oppose à ce que l'ascension ait lieu, au moins avec des voyageurs. Déjà à ce moment les partisans des ballons à feu et ceux des ballons à air inflammable formaient deux camps opposés et jaloux de se nuire. A cette nouvelle, les premiers triomphent, et quelques-uns ne craignent pas de dire que MM. Charles et Robert ont eux-mêmes sollicité cette prohibition, pour se dispenser de tenir envers le public une parole donnée témérairement. Charles, indigné, se rend aussitôt chez le baron de Breteuil, alors ministre, et proteste énergiquement contre une défense qui, sous prétexte de protéger sa vie et celle de son compagnon, les déshonore tous deux; il menace même de se brûler la cervelle, si la décision du roi n'était rapportée. Les instants étaient précieux; le retard se prolongeant, le public allait se retirer, et les aéronautes demeuraient convaincus de lâcheté, de mensonge; il fallait prendre un parti sur l'heure. Le baron de Breteuil s'arrêta à celui que conseillait la justice : n'ayant

____

(1) A quatre louis par tête.

pas le temps d'instruire et de consulter le roi, il prit sur lui de lever la défense.

A une heure et demie le canon se fit entendre. Les deux voyageurs étaient à leur poste, et leur navire aérien chargé du lest et des ustensiles nécessaires. Charles, tenant, pour ainsi dire, en laisse, un petit globe de soie verte de deux mètres seulement de diamètre, destiné à indiquer l'aire du vent, s'approcha de Mme Étienne de Montgolfier, placée auprès de son mari dans l'enceinte réservée ; il le remit gracieusement entre ses mains ; puis, offrant un couteau à Étienne, il le pria de couper la corde, en ajoutant : « C'est à vous, Monsieur, qu'il appartient de nous ouvrir la route des cieux. » C'était répondre par un acte de haute courtoisie aux imputations calomnieuses de ses adversaires. Le public, comprenant le bon goût de cette allusion, éclata en applaudissements. Le globe précurseur partit dans la direction du nord-est. Alors les deux voyageurs montèrent dans leur nacelle, et l'aérostat, délivré de ses liens, s'éleva majestueusement, au milieu des démonstrations de l'enthousiasme le plus vif, et des acclamations de trois cent mille spectateurs. Ce voyage ayant une grande importance historique, puisque ce fut le premier qu'on ait tenté par le moyen d'un ballon à gaz hydrogène, et présentant d'ailleurs, à cause du succès avec lequel il fut exécuté, un intérêt particulier, nous croyons devoir, pour en donner à nos lecteurs une idée complète, reproduire ici les principaux passages du récit que Charles lui-même nous a laissé de cette mémorable expérience.

« … Le globe échappé des mains de M. de Montgolfier, dit-il, s'élança dans les airs et sembla y porter le témoignage de notre réunion ; les acclamations l'y suivaient. Pendant ce temps, nous préparions à la hâte notre fuite : les circonstances orageuses qui nous pressaient nous empêchèrent de mettre à nos dispositions toute la précision que nous nous étions proposée la veille. Il nous tardait de n'être plus à terre. Le globe et le char en équilibre touchaient encore au sol qui nous portait; il était une heure trois quarts. Nous jetons dix-neuf livres de lest, et nous nous élevons au milieu du silence concentré par l'émotion et la surprise de l'un et de l'autre parti.

« Jamais rien n'égalera ce moment d'hilarité qui s'empara de mon existence lorsque je sentis que je fuyais la terre; ce n'était pas du plaisir, c'était du bonheur. Échappé aux tourments affreux de la persécution et de la calomnie, je sentis que je répondais à tout en m'élevant au-dessus de tout.

« Au sentiment moral succéda bientôt une sensation plus vive encore, l'admiration du majestueux spectacle qui s'offrait à nous. De quelque côté que nous abaissions nos regards, tout était fête; au-dessus de nous, un ciel sans nuages; dans le lointain, l'aspect le plus délicieux.

« — O mon ami, disais-je à M. Robert, quel est notre bonheur! j'ignore dans quelle disposition nous laissons la terre; mais comme le ciel est pour nous! Quelle scène ravissante! Que ne puis-je tenir ici le dernier de nos détracteurs, et lui dire : « Regarde, malheureux, tout ce qu'on perd à arrêter le progrès des sciences! »

« Tandis que nous nous élevions progressivement par un mouvement accéléré, nous nous mîmes à agiter en l'air nos banderoles en signe d'allégresse et afin de rendre la sécurité à ceux qui prenaient intérêt à notre sort; pendant ce temps j'observais toujours le baromètre. M. Robert faisait l'inventaire de nos richesses; nos amis avaient lesté notre char comme pour un voyage de long cours : vins de Champagne, etc., couvertures et fourrures, etc.

« — Bon, lui dis-je, voilà de quoi jeter par la fenêtre. »

« Alors le baromètre descendit à environ vingt-six

pouces. Nous avions cessé de monter, c'est-à-dire que nous étions élevés à environ trois cents toises. C'était la hauteur à laquelle j'avais promis de nous contenir; et, en effet, depuis ce moment jusqu'à celui où nous avons disparu aux yeux des observateurs en station, nous avons toujours composé notre marche horizontale entre vingt-six pouces de mercure et vingt-six pouces huit lignes; ce qui s'est trouvé d'accord avec les observations de Paris.

« Nous avions soin de perdre du lest à mesure que nous descendions par la perte insensible de l'air inflammable, et nous nous élevions insensiblement à la même hauteur. Si les circonstances nous avaient permis de mettre plus de précision à ce lest, notre marche eût été presque absolument horizontale et à volonté.

« Arrivés à la hauteur de Monceaux, que nous laissions un peu à gauche, nous restâmes un instant stationnaires. Notre char se retourna, et enfin nous filâmes au gré du vent. Bientôt nous passons la Seine entre Saint-Ouen et Asnières, et telle fut à peu près notre marche aérographique : laissant Colombes sur la gauche, passant presque au-dessus de Gennevilliers, nous avons traversé une seconde fois la rivière; et, laissant Argenteuil sur la gauche, nous avons passé à Saunais, Franconville, Eaux-Bonnes, Saint-Leu-Taverny, Villiers et l'Isle-Adam, et enfin Nesle, où nous sommes descendus. Tels sont à peu près les endroits sur lesquels nous avons dû passer presque perpendiculairement. Ce trajet fait environ neuf lieues de Paris, et nous l'avons parcouru en deux heures, quoiqu'il n'y eût dans l'air presque pas d'agitation sensible.

« Durant tout le cours de ce délicieux voyage, il ne nous est pas venu en pensée d'avoir la plus légère inquiétude sur notre sort et sur celui de notre machine. Le globe n'a souffert d'autre altération que les modifications successives de dilatation et de compression dont nous profitâmes pour monter et descendre à volonté d'une quantité quelconque. Le thermomètre a été pendant plus

d'une heure entre six et douze degrés au-dessus de zéro,
ce qui vient de ce que l'intérieur de notre char était
réchauffé par les rayons du soleil.

« Sa chaleur se fit bientôt sentir à notre globe, et
contribua, par la dilatation de l'air inflammable intérieur,
à nous tenir à la même hauteur, sans être obligés de
perdre de notre lest; mais nous faisions une perte plus
précieuse : l'air inflammable, dilaté par la chaleur solaire,
s'échappait par l'appendice du globe que nous tenions à
la main, et que nous lâchions suivant les circonstances,
pour donner issue au gaz trop dilaté.

« C'est par ce moyen simple que nous avons évité ces
expansions et ces explosions que les personnes peu
instruites redoutaient pour nous. L'air inflammable ne
pouvait pas briser sa prison, puisque la porte lui en était
toujours ouverte, et l'air atmosphérique ne pouvait
entrer dans le globe, puisque sa pression même faisait
de l'appendice une véritable soupape qui s'opposait à sa
rentrée.

« Au bout de cinquante-six minutes de marche, nous
entendîmes le coup de canon qui était le signal de notre
disparition aux yeux des observateurs de Paris. Nous
nous réjouîmes de leur avoir échappé. N'étant plus
obligés de composer strictement notre course horizontale,
ainsi que nous avions fait jusqu'alors, nous nous sommes
abandonnés plus entièrement aux spectacles variés que
nous présentait l'immensité des campagnes au-dessous
de nous; dès ce moment nous n'avons plus cessé de
converser avec leurs habitants, que nous voyions accourir
vers nous de toutes parts; nous entendions leurs cris
d'allégresse, leurs vœux, leurs sollicitudes, en un mot,
l'alarme de l'admiration.

« Nous criions : « Vive le roi! » et toutes les campagnes répondaient à nos cris. Nous entendions très-
distinctement : « Mes bons amis, n'avez-vous point
peur? — N'êtes-vous point malades? — Dieu! que c'est

beau! — Nous prions Dieu qu'il vous conserve. — Adieu, mes amis! » J'étais touché jusqu'aux larmes de cet intérêt tendre et vrai qu'inspirait un spectacle aussi nouveau... Enfin nous arrivâmes près des plaines de Nesle.

« Il était trois heures et demie passées; j'avais le dessein de faire un second voyage et de profiter de nos avantages ainsi que du jour. Je proposai à M. Robert de descendre. Nous voyions de loin des groupes de paysans qui se précipitaient au-devant de nous à travers les champs. « Laissons-nous aller, » lui dis-je. Alors nous descendîmes dans une vaste prairie. Des arbustes, quelques arbres bordaient son enceinte. Notre char s'avançait majestueusement sur un plan incliné très-prolongé. Arrivé près de ces arbres, je craignis que leurs branches ne vinssent heurter le char. Je jetai deux livres de lest, et le char s'éleva par-dessus, en bondissant à peu près comme un coursier qui franchit une haie. Nous parcourûmes plus de vingt toises à un à deux pieds de terre : nous avions l'air de voyager en traineau. Les paysans couraient après nous sans pouvoir nous atteindre, comme des enfants qui poursuivent des papillons dans une prairie.

« Enfin nous prenons terre. On nous environne. Rien n'égale la naïveté rustique et tendre, l'effusion de l'admiration et de l'allégresse de tous ces villageois.

« Je demandai sur-le-champ les curés, les syndics : ils accoururent de tous côtés; il était fête sur le lieu. Je dressai aussitôt un court procès-verbal, qu'ils signèrent. Arrive un groupe de cavaliers au grand galop : c'était Mgr le duc de Chartres, M. le duc de Fitz-James et M. Farrer, gentilhomme anglais, qui nous suivaient depuis Paris. Par un hasard très-singulier, nous étions descendus auprès de la maison de chasse de ce dernier. Il saute de dessus son cheval, s'élance sur notre char, et dit en m'embrassant : « Monsieur Charles, moi premier! »

« Nous fûmes comblés des caresses du prince, qui nous embrassa tous deux dans notre char, et eut la bonté de signer notre procès-verbal ; M. le duc de Fitz-James en fit autant ; M. Farrer le signa trois fois de suite. On a omis sa signature dans le journal, parce qu'on n'a pu la lire ; il était si agité de plaisir qu'il ne pouvait écrire. De plus de cent cavaliers qui couraient après nous depuis Paris et que nous apercevions à peine du haut de notre char, c'étaient les seuls qui eussent pu nous joindre. Les autres avaient crevé leurs chevaux, ou y avaient renoncé.

« Je racontai brièvement à Mgr le duc de Chartres quelques circonstances de notre voyage. « Ce n'est pas tout, Monseigneur, ajoutai-je en souriant, je m'en vais repartir.

« — Comment, repartir ?

« — Monseigneur, vous allez voir. Il y a mieux : quand voulez-vous que je redescende ?

« — Dans une demi-heure.

« — Eh bien ! soit, Monseigneur ; dans une demi-heure je suis à vous. »

« M. Robert descendit du char, ainsi que nous étions convenus en voyageant. Trente paysans serrés autour et appuyés dessus, et le corps presque plongé dedans, l'empêchaient de s'envoler. Je demandai de la terre pour me faire un lest ; il ne m'en restait plus que trois à quatre livres. On va chercher une bêche qui n'arrive point. Je demande des pierres, il n'y en avait pas dans la prairie. Je voyais le temps s'écouler, le soleil se coucher. Je calculai rapidement la hauteur possible où pouvait m'élever la légèreté spécifique de cent trente livres que je venais d'acquérir par la descente de M. Robert, et je dis à Mgr le duc de Chartres : « Monseigneur, je pars. » Je dis aux paysans : « Mes amis, retirez-vous tous en même temps des bords du char au premier signal que je vais faire, et je vais m'enlever. »

« Je frappe de la main, ils se retirent ; je m'élançai

comme l'oiseau ; en dix minutes j'étais à plus de quinze cents toises ; je n'apercevais plus les objets terrestres, je ne voyais plus que les grandes masses de la nature...

« Je m'attendais à ce qui allait arriver. Le globe, qui était assez flasque à mon départ, s'enfla insensiblement. Bientôt l'air inflammable s'échappa à grands flots par l'appendice. Alors je tirai de temps en temps la soupape pour lui donner à la fois deux issues, et je continuai à monter en perdant de l'air. Il sortait en sifflant et devenait visible, ainsi qu'une vapeur chaude qui passe dans une atmosphère beaucoup plus froide.

« La raison de ce phénomène est simple. A terre le thermomètre était à 7° au-dessus de glace ; au bout de dix minutes d'ascension, j'avais 5° au-dessous. On sent que l'air inflammable n'avait pas eu le temps de se mettre en équilibre de température ; son équilibre élastique étant beaucoup plus prompt que celui de la chaleur, il en devait sortir une plus grande quantité que celle de la dilatation extérieure de l'air pouvait déterminer par sa moindre pression.

« Quant à moi, exposé à l'air libre, je passai en dix minutes de la température du printemps à celle de l'hiver. Le froid était vif et sec, mais point insupportable. J'interrogeai alors paisiblement toutes mes sensations, *je m'écoutai vivre,* pour ainsi dire, et je puis assurer que dans le premier moment je n'éprouvai rien de désagréable dans ce passage subit de dilatation et de température...

« ... A mon départ de la prairie, le soleil était couché pour les habitants des vallons ; bientôt il se leva pour moi seul, et vint encore une fois dorer de ses rayons le globe et le char. J'étais le seul corps éclairé dans l'horizon, et je voyais tout le reste plongé dans l'ombre. Bientôt le soleil disparut lui-même, et j'eus le plaisir de le voir se coucher deux fois dans le même jour...

« J'eus plusieurs déviations très-sensibles. Je sentis

avec surprise l'effet du vent, et je vis pointer les banderoles de mon pavillon; nous n'avions pu observer ce phénomène dans notre premier voyage...

« Au milieu du ravissement inexprimable de cette extase contemplative, je fus rappelé à moi-même par une douleur très-extraordinaire que je ressentis dans l'intérieur de l'oreille droite et dans les glandes maxillaires. Je l'attribuai à la dilatation de l'air contenu dans le tissu cellulaire de l'organisme autant qu'au froid de l'air environnant. J'étais en veste et la tête nue. Je me couvris d'un bonnet de laine qui était à mes pieds; mais la douleur ne se dissipa qu'à mesure que j'arrivai à terre.

« Il y avait environ sept à huit minutes que je ne montais plus : je commençais même à descendre par la condensation de l'air inflammable intérieur. Je me rappelai la promesse que j'avais faite à Mgr le duc de Chartres de revenir à terre au bout d'une demi-heure. J'accélérai ma descente en tirant de temps en temps la soupape supérieure. Bientôt le globe, vide presque à moitié, ne me présentait plus qu'un hémisphère.

« J'aperçus une très-belle plage en friche auprès du bois de la Tour-du-Lay; alors je précipitai ma descente. Arrivé à vingt à trente toises, je jetai subitement deux à trois livres de lest qui me restaient, et que j'avais gardé précieusement; je restai un instant comme stationnaire et vint descendre mollement sur la friche même que j'avais, pour ainsi dire, choisie. J'étais à plus d'une lieue du point de départ. Les déviations fréquentes que j'essuyai, les retours sur moi-même me font présumer que le trajet aérien a été de plus de trois lieues. Il y avait trente-cinq minutes que j'étais parti; et telle est la sûreté des combinaisons de notre machine aérostatique, que je pus consommer à volonté cent trente livres de légèreté spécifique, dont la conservation également volontaire eût pu me maintenir en l'air au moins vingt-quatre heures de plus. »

En revenant à terre pour la seconde fois, Charles fut bientôt rejoint par l'enthousiaste gentilhomme anglais, M. Farrer, qui l'emmena à sa maison de chasse pour y passer la nuit. Le lendemain, lorsqu'il voulut rentrer chez lui, l'aéronaute trouva devant sa demeure un rassemblement nombreux qui l'accueillit avec les acclamations les plus flatteuses. Il se rendit de là au Palais-Royal pour faire sa cour au duc de Chartres. En sortant de chez ce prince, il reçut une nouvelle ovation et fut ramené chez lui en triomphe. Le ballon et le char qui avaient servi à l'excursion le 1er décembre furent placés comme un trophée dans le cabinet de physique de Charles.

On s'est étonné que ce physicien n'ait pas été par la réussite de cette expérience poussé à la renouveler pour perfectionner l'art de l'aérostation. On a même été jusqu'à l'accuser d'avoir manqué de courage. Pour nous, il nous semble que l'audace qu'il montra en s'élançant à deux reprises consécutives au haut des airs par un moyen que nul n'avait essayé avant lui, l'absout suffisamment du reproche gratuit de lâcheté. Et au lieu de nous étonner de l'inaction à laquelle il se condamna depuis lors, nous préférons y voir une preuve de plus de son bon sens et de sa sagacité. Il avait accompli sa tâche : et, sachant sans doute que jamais celui qui pose les fondements d'un art nouveau ne doit espérer d'y mettre la dernière main, il aima mieux s'arrêter à temps que de s'aventurer dans une voie où il se fût égaré. Il pressentait que le moment n'était point venu pour l'homme de transformer définitivement l'atmosphère en un océan que des navigateurs ailés pourraient à leur gré sillonner en tout sens. Sachons donc lui tenir compte de ce qu'il fit, nous qui, disposant de ressources bien plus grandes, n'avons pas su faire mieux jusqu'ici ; et ne lui imputons pas à crime de s'être, dans les recherches sur l'aérostation, arrêté au point où elles ne pouvaient plus porter aucun fruit.

Les contemporains de Charles lui rendirent meilleure justice en le confondant avec les Montgólfier dans les manifestations de leur gratitude et de leur admiration. La gloire des conquérants de l'air fut célébrée à l'envi par les poëtes et par les amis des sciences et des arts; elle reçut en outre, de la part du gouvernement et des corps constitués, d'honorables récompenses. Les états du Vivarais votèrent l'érection à Annonay, sur l'emplacement où avait eu lieu l'expérience du 5 juin, d'un obélisque en marbre avec cette inscription : *Aux deux frères Montgolfier leurs concitoyens reconnaissants.* De son côté, l'Académie des sciences décida qu'une médaille serait frappée à leur effigie pour perpétuer le souvenir de leur découverte; que le prix de six mille livres fondé par un citoyen anonyme pour l'encouragement des sciences et des arts leur serait décerné pour l'année 1783, et que MM. de Montgolfier, Charles, Robert, Pilastre du Rozier et le marquis d'Arlandes seraient inscrits au nombre des associés surnuméraires de l'Académie. Enfin Louis XVI accorda à Étienne de Montgolfier, pour son vieux père, des lettres patentes d'anoblissement, et à Charles une pension de deux mille livres. Il voulut en outre que le nom de ce dernier fût inscrit sur la médaille votée par l'Académie.

Le blason de la famille de Montgolfier, réglé par arrêté du juge d'armes de la noblesse française, en date du 7 janvier 1784, porte pour devise : *Sic itur ad astra.*

V

Le ballon de Flesselles à Lyon. — Blanchard. — Son ascension au
Champ-de-Mars. — Mme Thible à Lyon. — Aérostat de l'académie de Dijon. — Ascensions de Pilastre et de Proust à Versailles,
— du duc de Chartres et des frères Robert à Saint-Cloud, —
de Vincent Lunardi à Londres, etc. — Blanchard et le docteur
Jeffries traversent la Manche en ballon. — Mort de Pilastre du
Rozier et de Romain. — Ascensions diverses.

Cependant une grande expérience aérostatique se pré-
parait depuis longtemps à Lyon sous le patronage de
M. de Flesselles, intendant de la province, et sous la
direction de Joseph de Montgolfier. On n'avait eu d'abord
en vue que de faire voyager en l'air des animaux ; et
comme le produit peu considérable de la souscription
ne permettait pas de viser au luxe, on avait construit
la machine d'une façon assez grossière, avec de la toile
et du papier, en lui donnant, comme par compensation,
des dimensions colossales.

Les travaux touchaient à leur fin, lorsque arriva à
Lyon la nouvelle du succès obtenu à Paris par Charles
et Robert. On songea alors seulement à disposer la machine de façon à ce qu'elle pût enlever non plus des
animaux, mais des hommes. Cette idée fut accueillie
avec transport, et plus de quarante personnes se firent
inscrire pour prendre part à l'excursion. On prétendait
aller, selon la direction du vent, à Marseille, à Avignon,
ou même à Paris. Au premier rang des compétiteurs se
trouvaient MM. le comte de Laurencin, associé de l'académie de Lyon, Pilastre du Rozier, les comtes de Dam-

pierre, de Laporte d'Anglefort, et le prince Charles de
Ligne, accourus tout exprès de Paris; Fontaine, jeune
négociant de Lyon, et enfin Joseph de Montgolfier, qu'on
avait d'une commune voix proclamé le chef de l'expédition.

Il fallut, pour approprier l'aérostat à sa nouvelle destination, lui faire subir de notables changements, et les
difficultés qu'on rencontra dans ce travail, les essais
préparatoires qu'il fallut exécuter, enfin la persistance
d'un temps défavorable entraînèrent des longueurs dont
le public lyonnais finit par se montrer mécontent, déses-
pérant de voir jamais le ballon s'enlever, et accusant
d'ineptie et de pusillanimité le futur équipage du malen-
contreux vaisseau. Un jour, l'avis ayant été publié que
l'expérience était retardée à cause de la neige qui tombait en abondance, on adressa à M. de Laurencin l'épi-
gramme suivante :

> Fiers assiégeants du séjour du tonnerre,
>   Calmez votre colère.
> Eh! ne voyez-vous pas que Jupiter tremblant
> Vous demande la paix par son pavillon blanc !

« Eh bien donc, répondit Laurencin, nous irons chercher nous-mêmes les clauses de l'armistice. »

En effet, le 5 janvier 1784, tout était prêt, et l'on
résolut de tenter l'ascension. Montgolfier, Dampierre,
Laporte, de Ligne, Laurencin et Pilastre montèrent dans
la galerie. Le dernier fit observer qu'il y avait grave imprudence à charger de six personnes une machine déjà
très-lourde, et capable d'en porter trois au plus; mais
nul ne voulut descendre. En vain Pilastre et Montgolfier
insistèrent, proposant de tirer au sort pour savoir qui
resterait et qui s'en irait; les gentilshommes répondirent
avec hauteur que s'il fallait en venir là, ce serait par
l'épée et non par le sort que se feraient les exclusions. Il
fallut se résigner, sous peine de voir couler le sang; mais

encore avait-on compté sans un septième obstiné, le négociant Fontaine, qui, au moment où l'on venait de couper les cordes, escalada la balustrade, et, sans s'inquiéter de l'accueil peu bienveillant qu'il recevait, se fit admettre d'autorité parmi les voyageurs. Cette surcharge excessive obligea d'attiser fortement le foyer, moyennant quoi le ballon put s'élever assez rapidement.

Ce dut être un magnifique spectacle que l'ascension de ce globe énorme, dont le diamètre était de trente-trois mètres, et la hauteur de quarante-deux; et l'on peut, par ce qu'on a déjà vu des expériences faites à Paris, se former une idée du ravissement des spectateurs lyonnais. La partie supérieure du ballon était de forme hémisphérique et de couleur grisâtre; la partie inférieure offrait la figure d'un cône tronqué et renversé; elle était revêtue de bandes de laine bigarrées. Le globe était orné de deux médaillons, dont l'un représentait allégoriquement la Renommée, et l'autre l'Histoire. La galerie portait un drapeau aux armes de la ville et sur lequel on lisait ce nom : *Le Flesselles.*

A ces magnifiques apparences répondait malheureusement une médiocre solidité. Au bout d'un quart d'heure, et comme on était arrivé à sept cent soixante-dix-neuf mètres au-dessus du sol, l'enveloppe, fatiguée par de trop longues manœuvres et chauffée outre mesure par le feu intense que nécessitait le poids exorbitant du lest et des voyageurs, se fendit sur une longueur de quinze mètres, et, perdant par cette vaste déchirure presque toute sa légèreté spécifique, elle redescendit subitement avec une effrayante rapidité. Ce ne fut que grâce au sang-froid intrépide et à l'adresse de Pilastre que les imprudents aéronautes échappèrent à la mort. Pilastre eut la présence d'esprit de ranimer à temps le foyer et de jeter par-dessus le bord tout ce qui restait de charges inutiles, en sorte qu'au lieu d'éprouver un choc qui les eût broyés, ils en furent quittes pour une secousse assez légère.

Le peu de succès de cette entreprise n'empêcha pas
qu'on ne rendît généralement justice au courage de ceux
qui l'avaient tentée, et qu'au bal, au théâtre, partout où
ils se montrèrent en public, ils ne reçussent les marques
les moins équivoques d'une profonde sympathie et d'une
vive admiration. Toutefois la malignité se mit aussi de la
partie, comme pour faire ombre au tableau, et l'on déco-
cha quelques traits de raillerie, dirigés à la vérité moins
contre les personnes que contre l'aérostat lui-même, dont
la chute précipitée, n'ayant point entraîné de malheur,
avait bien quelque chose de plaisant. Voici un quatrain
qui eut alors à Paris une vogue dont il n'était pas tout à
fait indigne, à ce qu'il nous semble :

> Vous venez de Lyon? Parlez-nous sans mystère :
> Le globe est-il parti? Le fait est-il certain?
> — Je l'ai vu. — Dites-nous, allait-il bien grand train?
> — S'il allait!... Oh! Monsieur, il allait... *ventre à terre*

Ici se place dans l'ordre chronologique l'ascension exécutée à Milan, au moyen d'une montgolfière, par le comte
Andreani et les frères Gerli. Puis nous voyons paraître dans
la lice un nouveau jouteur qui s'y fit un nom célèbre et
acquit en outre une grande fortune. Nous voulons parler
de Blanchard, homme audacieux, qui au goût des arts mécaniques joignait une activité infatigable et peut-être une
certaine âpreté au gain. Déjà, avant la découverte des
aérostats, il avait essayé, comme tant d'autres, de construire un char volant; mais il n'en avait pu tirer aucun
parti. Les ballons étaient inventés, sa carrière était tracée :
il se fit aéronaute, et fut un de ceux qui tout d'abord pré-
tendirent diriger les navires aériens.

Il exécuta au Champ-de-Mars, le 2 mars 1784, sa première ascension; la foule était immense comme de coutume. Blanchard s'était avisé d'adapter au ballon, au lieu
d'une simple nacelle, le char volant qu'il avait essayé sans
succès deux années auparavant. Il attendait de cette com-

binaison des résultats merveilleux. Il s'embarqua d'abord
avec le moine bénédictin dom Pech, physicien distingué,
qui s'était pris d'un grand enthousiasme pour l'aérostation;
mais le ballon, trop chargé et troué en plusieurs endroits,
ne put s'élever qu'à cinq mètres au-dessus du sol, après
quoi il retomba lourdement. Dom Pech jugea donc prudent de se retirer; Blanchard répara les avaries de sa machine, et il allait repartir seul, lorsqu'un jeune élève de
l'École militaire, nommé Dupont de Chambon, vint tout
à coup s'installer dans la nacelle sans que ni prières ni
menaces pussent le décider à en sortir. Une lutte finit par
s'engager entre lui et Blanchard. Celui-ci fut blessé au poi-
gnet d'un coup d'épée; et peut-être l'aventure eût tourné
au tragique si la garde ne fût intervenue et ne se fût em-
parée de ce jeune fou, qui n'avait pourtant, assure-t-on,
d'autre but que de gagner un pari fait avec ses camarades.
Blanchard put enfin s'élever. Arrivé à une grande hauteur,
son ballon, trop gonflé au départ, se tendit au point de
crever. L'imprudent aéronaute, complétement dépourvu
de connaissances en physique, ne se doutait point du
danger qui le menaçait; mais, cédant à la peur irréfléchie
qu'il éprouvait à se trouver ainsi isolé au-dessus des nuages,
il ouvrit la soupape pour redescendre; le gaz put alors s'é-
chapper, et les parois du ballon se détendirent. Blanchard
arriva sans accident auprès de Sèvres et s'abattit dans la
plaine de Billancourt. Son voyage avait duré une heure
quinze minutes. Il va sans dire que son appareil moteur et
directeur ne lui avait été d'aucun usage.

A partir de cette époque, Blanchard fit des voyages
aériens l'unique affaire de sa vie. Il se mit à parcourir
l'Europe, donnant dans les principales villes des représentations aérostatiques; puis il passa en Amérique. Son but
n'était nullement scientifique, et il ne se proposait rien
autre chose que de gagner de l'argent; ce fut donc lui qui
le premier fit déchoir l'aérostation du rang d'art scientifique à celui d'exercice lucratif. Il y gagna des sommes

énormes (1) ; mais comme ses dépenses étaient plus considérables encore, il mourut misérable. Sa veuve fut obli-
gée, pour vivre, d'embrasser la profession de son mari.
Elle réussit comme lui à s'y enrichir ; mais, moins heureuse ou moins prudente que lui, elle y trouva la mort,
ainsi que nous le verrons un peu plus loin.

Mme Blanchard ne fut pas toutefois la première femme
qui osa s'aventurer dans les airs. Le 4 juin 1784, le roi de
Suède étant de passage à Lyon, Mme Thible s'éleva en sa
présence dans un ballon à gaz hydrogène. Cette ascension
réussit parfaitement, mais ne fut signalée par aucun inci-
dent curieux.

Le 25 avril de la même année, un immense ballon à
gaz hydrogène, construit à grands frais par l'Académie
de Dijon, et monté par Guyton de Morveau et Bertrand,
commissaire de cette académie, s'était élevé une première
fois ; il était redescendu à Magny-lez-Auxonne, après une
traversée d'une heure trente-sept minutes. Guyton de
Morveau répéta son expérience le 12 juin avec M. de Virly.
L'aérostat, destiné à des études scientifiques sur la direction des vaisseaux aériens, était muni de rames et d'un
gouvernail dont les voyageurs tirèrent quelque parti ; mais
ces expériences, bien que dirigées consciencieusement par
un des savants les plus distingués du XVIIIe siècle, ne con-
duisirent qu'à des résultats sans importance.

Nous faisons grâce à nos lecteurs de la longue énuméra-
tion des ascensions sans nombre qui, dans le cours des
années 1784 et 1785, se succédèrent sans interruption

---

(1) Blanchard avait, lors de sa première ascension, écrit sur les
banderoles de son char et fait imprimer sur des cartes d'entrée
la devise des Montgolfier : *Sic itur ad astra*. On fit contre lui, à
ce propos, le quatrain suivant :

> Au Champ-de-Mars il s'envola,
> Au champ voisin il resta là.
> Beaucoup d'argent il ramassa :
> Messieurs, *sic itur ad astra*.

sur tous les points de la France. La plupart n'offrant rien d'intéressant, nous nous bornerons à mentionner celles que des circonstances particulières signaleront à notre attention.

Le 23 juin 1784, Pilastre du Rozier et le chimiste Proust exécutèrent à Versailles, en présence de Louis XVI et du comte de Haga (roi de Suède), une ascension remarquable au moyen d'une gigantesque montgolfière, à laquelle la reine Marie-Antoinette avait permis qu'on donnât son nom. Partis de la cour du château à quatre heures quarante-cinq minutes, ils redescendirent à Chantilly à cinq heures trente-deux minutes. Cette excursion marque, au propre et au figuré, *l'apogée* (1) des montgolfières ou ballons à feu. En effet, les deux aéronautes atteignirent ce jour-là la plus grande hauteur et parcoururent la plus longue distance qu'ait pu fournir ce genre de machine, puisqu'ils parvinrent à une élévation de quatre mille mètres et franchirent un espace de cinquante-deux kilomètres. Depuis cette expérience, l'emploi des montgolfières devint de plus en plus rare, jusqu'à ce qu'enfin on l'abandonnât tout à fait.

Le duc de Chartres, M. Collin-Hullin et les frères Robert furent beaucoup moins heureux dans l'excursion qu'ils tentèrent le 13 juillet suivant, et qui faillit leur coûter la vie. L'aérostat était à hydrogène; il avait dix-huit mètres de hauteur sur douze de diamètre. Les frères Robert avaient cru introduire une disposition utile en suspendant dans l'intérieur un autre globe beaucoup plus petit, destiné à contenir de l'air ordinaire. « L'air inflammable, pensaient-ils, devant se dilater jusqu'au terme de

---

(1) Ce mot, composé de ἀπό et γῆ, et signifiant *loin de la terre*, indique dans son sens primitif, en termes d'astronomie, le moment où le soleil est le plus éloigné de notre planète. On l'emploie, par métaphore, pour exprimer le point culminant de gloire, de puissance, de prospérité qu'atteint un empire, un personnage, une institution, etc.

l'enveloppe totale, devait en même temps comprimer le ballon intérieur et en faire sortir l'air atmosphérique en raison proportionnelle. » Un soufflet placé dans la galerie était destiné à remplir le ballon intérieur après la compression nécessitée par la dilatation de l'hydrogène, et à augmenter conséquemment le poids total de l'appareil. Une fois en équilibre dans l'atmosphère, les voyageurs devaient, par ce moyen, monter et descendre à volonté, sans aucune déperdition de gaz. Ils avaient aussi adapté à la nacelle deux rames et un large gouvernail.

Les quatre aéronautes partirent à huit heures du matin du parc de Saint-Cloud, que remplissait une foule de curieux. Le temps était orageux, et le vent soufflait avec force dans des directions contraires. La machine, portée en trois minutes au sein d'épais nuages, devint le jouet des vents, qui lui faisaient éprouver des chocs et des revirements continuels et d'autant plus violents que les pales et le gouvernail donnaient plus de prise à l'air. On prit bien vite le sage parti de se débarrasser de ces agrès gênants et dangereux; mais l'aérostat continuant d'éprouver des secousses inquiétantes, les aéronautes voulurent aussi, pour aller chercher dans des régions supérieures un air plus tranquille, renvoyer à terre le petit ballon à air sur lequel ils avaient fondé de si belles espérances. Les cordes qui le retenaient furent coupées; mais, au lieu de tomber avec son ouverture appliquée sur celle du ballon principal, il se retourna et vint boucher complétement l'orifice de la soupape. En ce moment, pour comble de malheur, un coup de vent porta la machine de bas en haut, au-dessus des nuages, où elle se trouva exposée aux rayons d'un soleil ardent. Bientôt, sous l'influence de la chaleur, les parois du ballon se tendirent d'une manière effrayante; la soupape, interceptée, ainsi que nous l'avons dit, ne pouvait plus livrer passage au gaz, dont la dilatation ne faisait qu'appuyer plus fortement le petit globe sur l'orifice du grand. En vain les aéronautes essayèrent de le soulever avec des bâtons qu'ils introduisaient dans l'appendice; il leur fut impossible de le faire bouger. Cependant on était arrivé à une hauteur de quatre mille six cent quatre-vingts mètres, et, l'hydrogène se dilatant davantage d'instant en instant, une explosion était imminente. Le duc de Chartres prit alors un parti désespéré, le seul qui offrît une chance incertaine de salut. Avec la hampe d'un des drapeaux qui ornaient la nacelle, il pratiqua dans l'enveloppe du ballon deux ouvertures qui, s'agrandissant rapidement, ouvrirent au gaz une large issue. La machine redescendit alors avec une vitesse qui fit croire aux voyageurs que leur dernière heure avait sonné. Toutefois leur mouvement se ralentit lorsqu'ils arrivèrent dans les couches plus denses de l'atmosphère; mais tout danger n'était pas encore évité, car en approchant de terre ils s'aperçurent qu'ils se trouvaient juste au-dessus de l'étang de la Garenne. Heureusement il leur restait encore trente kilogrammes de lest; ils les jetèrent d'un seul coup; ce qui rendit leur direction plus oblique et leur permit de descendre à terre dans le parc de Meudon.

Un mois après (14 septembre 1784), se fit à Londres la première expérience aérostatique qui ait eu lieu en Angleterre. Elle fut exécutée par l'Italien Vincent Lunardi, dont l'exemple fut presque aussitôt suivi par MM. Sadler et Seldon. Ce dernier essaya même, de concert avec Blanchard, qui avait passé le détroit, de se diriger à l'aide d'un appareil en forme d'hélice imaginé par l'aéronaute français. Celui-ci comptait fermement que son invention résolvait le problème de la direction des aérostats. Il voulut en faire une épreuve décisive, et fit annoncer par les journaux anglais qu'il traverserait la Manche, de Douvres à Calais, dès que le vent serait favorable.

Il partit, en effet, des falaises de Douvres le 7 janvier 1785 à une heure, par un temps magnifique et un vent

assez faible du N.-N.-O. Il était accompagné du docteur
américain Jeffries. La machine avait été mal disposée;
et au moment où elle quitta la terre, elle se trouva tellement lourde, que les voyageurs durent, pour s'élever,
jeter la plus grande partie de leur lest. Au bout d'une
demi-heure, comme ils étaient en pleine mer, ils s'aperçurent que leur ballon se dégonflait sensiblement et descendait; ils jetèrent la moitié du lest qui leur restait; le
ballon descendait toujours : ils jetèrent tout; le ballon
descendait encore : ils jetèrent une partie des objets
qu'ils avaient emportés avec eux. Le ballon remonta
quelque peu; mais ce mouvement fut de courte durée,
et l'aérostat reprit bientôt sa direction de haut en bas. Il
était alors deux heures et un quart, et les voyageurs n'a-
vaient franchi que la moitié de la distance. Ils se débar-
rassèrent d'une ancre et de quelques autres outils. Leur
marche devint alors à peu près horizontale, et à deux
heures et demie ils aperçurent assez distinctement les
côtes de France. Mais dans le même instant le ballon
perdit une grande quantité de gaz et redescendit plus rapidement que jamais. En vain Blanchard et Jeffries lancèrent à la mer leurs cordages, leurs agrès, leurs provisions de bouche et jusqu'à leurs vêtements : la chute ne
se ralentissait pas.

« Il faut que l'un de nous deux périsse pour sauver
l'autre, dit alors à son compagnon le brave Jeffries; quant
à moi, je suis prêt à me jeter à la mer.

— Nous pouvons peut-être encore nous sauver tous
deux, répondit Blanchard, en nous débarrassant de notre
nacelle et en nous suspendant aux cordages du ballon. »

Ils allaient tenter cette ressource suprême, lorsque
tout à coup le ballon remonta; et comme le vent soufflait
avec plus de force et toujours dans la même direction,
ils arrivèrent à trois heures moins quelques minutes au-
dessus de Calais, et ils descendirent sur la forêt de Guines,
où ils purent débarquer sains et saufs.

4

Assurément cette entreprise extraordinaire n'avait d'autre mérite que celui d'une audace extravagante; et si elle n'eut pas un résultat désastreux, les voyageurs ne le durent qu'à un concours exceptionnel de circonstances tellement favorables, que le Ciel semblait avoir voulu sauver ces deux fous malgré eux. Toutefois le succès est une auréole dont la lumière éclipse les fautes les plus grossières. On vit dans ce voyage un trait de génie, et les aéronautes reçurent les honneurs du triomphe. A Calais on leur offrit un banquet splendide. La municipalité de cette ville décida qu'une colonne de marbre serait élevée sur le lieu même où ils étaient descendus; elle donna à Blanchard, dans une boîte d'or, le parchemin qui lui conférait le titre de *citoyen de la ville de Calais*, lui paya une somme de trois mille livres, et s'engagea à lui faire, sa vie durant, une pension de six cents livres, moyennant quoi elle put placer dans l'église l'aérostat miraculeusement sauvé des eaux. De Calais, Blanchard se rendit à Versailles, où il fut présenté au roi et à la reine. Louis XVI lui accorda une pension de douze cents livres à laquelle il joignit en surplus une somme égale à titre de gratification; et Marie-Antoinette, voulant donner aussi à l'aéronaute une preuve de sa bienveillance, lui fit remettre une forte somme qu'elle venait de gagner au jeu.

Le retentissement de cette ascension fut immense, et elle provoqua parmi les aéronautes une ardente émulation; mais le plus animé fut le bouillant Pilastre, qui, honteux d'avoir été devancé, annonça qu'à son tour il franchirait le détroit et passerait en ballon de France en Angleterre, au moyen d'une combinaison nouvelle permettant de se maintenir très-longtemps en l'air et de monter ou de descendre à volonté sans le secours du lest et sans avoir besoin de perdre du gaz. Le gouvernement alloua à Pilastre, sur la foi de son programme, une somme de quarante mille livres, destinée à couvrir les frais de

construction de la machine. Or la combinaison du jeune
physicien consistait à réunir en un seul les deux systèmes
de Charles et de Montgolfier. Le ballon principal était gonflé d'hydrogène; au-dessous devait être suspendue une
montgolfière dont le foyer, attisé ou ralenti, ferait monter
ou descendre l'appareil selon le gré de l'aéronaute.

En vain les amis de Pilastre lui représentèrent que le
voyage qu'il projetait et la machine à l'aide de laquelle il
voulait l'exécuter l'exposaient à des dangers presque iné-
vitables, en vain le judicieux Charles lui fit observer que
mettre une montgolfière sous un ballon à hydrogène, c'é-
tait *placer un réchaud sous un baril de poudre;* il ne voulut
rien entendre. Emporté par la fièvre d'expérimentation
scientifique qui déjà lui avait fait maintes fois exposer sa
vie comme de gaieté de cœur, lié par ses engagements
envers le public et envers le gouvernement, il commença
à Boulogne les préparatifs de sa périlleuse expédition. Des
obstacles de toutes sortes vinrent à plusieurs reprises arrêter et contrecarrer ses travaux, comme si la Providence
eût voulu, par des avertissements réitérés, le détourner
de sa fatale résolution. Cinq mois s'étaient écoulés, des
sommes énormes avaient été dépensées, et les vents,
toujours contraires, s'opposaient toujours au départ du
vaisseau vingt fois réparé, défait, reconstruit. Enfin un
sombre découragement s'empara du malheureux Pilastre; il revint à Versailles, et demanda au ministre, M. de
Calonne, la permission de donner à son aérostat une
autre destination; mais il lui fut répondu *qu'on n'avait
pas dépensé cent cinquante mille livres pour lui faire faire
une promenade sur la côte.* Ces dures paroles équivalaient
à un arrêt de mort.

Pilastre retourna à Boulogne et précipita son départ
comme eût fait un condamné ayant hâte d'en finir avec le
supplice. Un jeune physicien de Boulogne, nommé Romain, avec qui il s'était lié pendant son séjour dans cette
ville, voulut partager avec lui les périls de ce voyage.

Tous deux partirent de la côte le 5 juin 1785. Ils arrivèrent assez rapidement à trois cent quatre-vingt-dix mètres en l'air. A cette hauteur, a raconté un témoin oculaire, M. de Maisonfort, on vit le ballon à hydrogène se dégonfler tout à coup et retomber sur la montgolfière, que ce poids fit redescendre d'autant plus rapidement que le réchaud n'avait pas même été allumé. Les infortunés aéronautes tombèrent près du bourg de Wimille, ensevelis sous les plis de leur double machine (1). Lorsqu'on les releva, Pilastre était sans vie, et son compagnon n'avait plus que quelques minutes à souffrir.

Autant l'heureuse issue du voyage de Blanchard et de Jeffries avait excité d'enthousiasme, autant la fin tragique de Pilastre du Rozier et de Romain causa de consternation. Le deuil fut général, et la ville de Boulogne se rendit l'interprète du sentiment public en décernant aux deux martyrs de l'art aérostatique les honneurs dus à leur courageux dévouement (2). Un monument funèbre fut élevé

(1) On voit que la cause de ce désastre ne fut pas celle qu'on devait prévoir. Elle tenait probablement au mauvais état de la machine fatiguée par les nombreux essais préliminaires et par les tentatives d'ascension qui avaient précédé le départ. On suppose que les aéronautes, se trouvant dans un courant qui les portait vers l'intérieur des terres, voulurent redescendre pour chercher un autre courant. A cet effet, Pilastre aurait tiré la corde destinée à ouvrir la soupape du ballon à hydrogène; mais comme cette corde était très-longue et difficile à manœuvrer, l'enveloppe elle-même, cédant aux efforts de Pilastre, se serait déchirée sur une étendue telle, que presque tout le gaz se serait échappé à la fois; de là le dégonflement instantané du ballon et la chute rapide de la machine. On ne peut s'empêcher d'observer ici que, quel que fût le vice radical de la combinaison imaginée par Pilastre, il est peut-être à regretter que les voyageurs n'eussent pas allumé le foyer de leur montgolfière; c'eût été du moins une ressource pour ralentir leur descente.

(2) Il n'est pas d'événement, si funeste soit-il, qui ne devienne en France un sujet de plaisanterie. Le marquis de Bièvre, connu pour son esprit, poussait à l'excès cette manie des bons mots si commune en France. On assure que, venant d'apprendre la mort de Pilastre et de Romain, il rencontra un de ses amis, auquel il débita sans préambule ces deux vers de Corneille (tragédie d'*Horace*) :

Rendez grâces aux dieux de n'être pas *Romain*,
Pour conserver encor quelque chose d'humain,

à l'endroit où ils étaient tombés, et l'on y grava cette épi-
taphe :

> Ci gisent qui des airs franchissant la barrière,
> Et planant sur le monde abaissé devant eux,
>   Du trône le plus glorieux
>   Précipités dans la poussière,
>   Offrent de l'homme, au même instant,
>   Et la grandeur et le néant (1).

Il y a partout des gens qui se plaisent à voir dans certains rapports de temps ou de lieu, dans certaines coïnci-
dences plus ou moins bizarres, des présages sinistres ou
favorables. Lorsqu'on apprit le terrible événement que
nous venons de rapporter, ces augustes pessimistes ne
manquèrent pas de remarquer qu'il était arrivé le jour
anniversaire de la première expérience aérostatique faite
à Annonay par les frères Montgolfier, et que l'homme qui
le premier avait osé s'aventurer dans la nacelle d'un
ballon était aussi la première victime de la navigation
aérienne; et ils crurent voir dans ces circonstances la
condamnation providentielle de cet art, selon eux inutile
et funeste. Ils oubliaient qu'aucun progrès moral ou scientifique ne s'accomplit sans recevoir en quelque sorte le
baptême du sang, et que parmi les découvertes réputées
aujourd'hui à bon droit les plus utiles, on n'en saurait
citer une seule qui n'ait pas été signalée à son début par
de douloureux accidents.

Heureusement le public fit peu dé cas de ces prédic-
tions, et, le premier moment de stupeur passé, il se
montra plus avide que jamais de spectacles aéronauti-

____

(1) On lit aussi les vers suivants au bas des portraits de Pilastre :

> Pilastre, dont le nom volera d'âge en âge,
> Par son audace heureuse étonna l'univers;
> A l'amour de la gloire il dut tout son courage,
> Qui le fit le premier s'élancer dans les airs.
>   Sa gloire, hélas! ne fut qu'un rêve,
>   Dont la fin prouve avec éclat
>   Que le moment qui nous élève
>   Touche à celui qui nous abat.

ques. Presque au même moment où se répandait la nouvelle de la catastrophe de Boulogne, et comme pour y faire diversion, les journaux anglais apportèrent en France le récit d'une excursion non moins hardie et non moins heureuse que celle de Blanchard et de Jeffries. Un Français, le docteur Potain, avait traversé en ballon le canal Saint-Georges, qui sépare l'Irlande de la Grande-Bretagne. Viennent ensuite les ascensions exécutées par Lunardi à Édimbourg, par Harper à Birmingham, et à Paris par MM. Alban et Valette et par le comte d'Artois lui-même, dans un magnifique ballon qui portait le nom de ce prince. Enfin nous citerons pour mémoire l'échec éprouvé par l'abbé Miolan, Janinet, le marquis d'Arlandes et le mécanicien Bredin. Ceux-ci avaient construit une montgolfière de trente-trois mètres de haut, qu'ils espéraient diriger à l'aide de grandes soupapes par lesquelles l'air raréfié de l'intérieur devait réagir sur l'air ambiant. Le 12 juillet 1784, jour fixé pour l'expérience, une foule nombreuse s'était rassemblée dans le jardin du Luxembourg; mais comme on gonflait l'aérostat, le feu prit à l'enveloppe, qui fut presque entièrement consumée. Cet accident occasionna une sorte d'émeute, et peu s'en fallut que les constructeurs du ballon ne fussent assommés par la populace. L'aventure finit, comme toute chose en France, par des chansons.

Toute la période de l'histoire aéronautique comprise entre les années 1784 et 1789 est remplie par les nombreuses ascensions de Blanchard et de son émule Testu-Brissy, ascensions qui n'offrent plus aucun intérêt. Puisque nous avons toutefois prononcé le nom de Testu-Brissy, disons qu'il donna le premier le curieux spectacle, souvent renouvelé de nos jours par M. Poitevin, d'une ascension équestre. Seulement, tandis que le cheval de ce dernier est toujours suspendu au filet par des sangles appliquées sous le ventre et laissant les pieds sans point d'appui, le cheval de Testu-Brissy était libre de toute entrave et se tenait debout sur un vaste plateau remplaçant la nacelle.

VI

Application des aérostats aux reconnaissances militaires dans les
guerres de la révolution. — Relation du commandant Coutelle, etc.

Dès que les ballons avaient paru, on s'était naturellement inquiété de trouver pour ces navires d'un nouveau
genre des moyens de direction, et ce problème était devenu l'objet des études et des méditations de plusieurs
savants. Les frères Montgolfier d'une part, Guyton de
Morveau d'autre part, avaient été chargés, les premiers
par l'Académie des sciences de Paris, le second par celle
de Dijon, de rechercher les diverses applications qu'on
pourrait faire des arts mécaniques à l'aérostation, et réciproquement. La révolution de 1789 vint d'abord inter-
rompre ces travaux, et pendant trois ans les préoccupa-
tions politiques, acquérant de jour en jour plus de gravité, ne laissèrent ni temps ni place aux autres spéculations
de l'esprit. Mais, chose étrange ! c'est pendant la période
la plus orageuse de la révolution que nous voyons la
science sortir tout à coup de l'oubli où elle avait été plon-
gée quelque temps ; c'est pendant cette sombre période
qu'apparaissent de nouveau tant de savants illustres, dont
les pacifiques labeurs ont, non moins que les exploits de
nos généraux et de nos armées, contribué à jeter sur cette
époque sanglante un reflet consolant de génie et de gloire.

La France, attaquée de toutes parts, avait besoin, pour
conjurer l'effroyable ouragan que la révolution avait attiré
sur elle, de déployer à la fois toutes les ressources matérielles et intellectuelles, connues ou inconnues, qu'elle

recélait dans son sein. Or, parmi ces ressources, la science était sans contredit une des plus puissantes. Le gouvernement le comprit, et une commission fut créée pour en appliquer les découvertes aux besoins de l'Etat, et notamment à la défense du territoire. Guyton de Morveau faisait partie de cette commission avec Fourcroy, Monge, Berthollet, Chaptal, Carnot, etc. Les expériences qu'il avait faites pour le compte de l'académie de Dijon, bien qu'elles n'eussent amené que de médiocres résultats, lui avaient inspiré une grande confiance dans l'avenir de l'aérostation. Il eut l'idée d'employer les ballons aux reconnaissances militaires ; et, cette idée ayant été approuvée par le comité de salut public, il proposa à un jeune chimiste de ses amis, nommé Coutelle, de se charger de l'exécution. Coutelle accepta avec empressement ; il devint dès lors le *bras droit* de la commission, et se vit bientôt confier par le comité de salut public lui-même le soin de diriger les opérations aérostatiques militaires aux armées de Sambre-et-Meuse et du Rhin. Nous donnons ici le récit que cet officier a laissé de ses travaux et de ses campagnes.

« ... Guyton proposa de faire servir l'aérostat aux armées, comme moyen d'observation. Cette proposition fut acceptée par le gouvernement, sous la condition de ne pas employer l'acide sulfurique, le soufre étant nécessaire à la fabrication de la poudre. La commission arrêta alors d'employer la décomposition de l'eau.

« Cette expérience (1), faite par le célèbre Lavoisier, et répétée dans nos cabinets, n'avait pu donner que de faibles résultats ; une expériencce en grand était nécessaire : il fallait pouvoir extraire douze à quinze mille pieds cubes de gaz dans l'espace de temps le plus court.

« L'expérience réussit ; je retirai cinq à six cents pieds

(1) On sait que l'eau est formée par la combinaison de deux gaz, l'hydrogène et l'oxygène, et que le fer à la température rouge a la propriété de décomposer la vapeur de ce liquide en absorbant l'oxygène et en mettant en liberté l'hydrogène, qui se dégage seul.

cubes de gaz. Les membres de la commission qui avaient été témoins de l'opération furent si satisfaits, que dès le lendemain je reçus l'ordre d'aller en poste à Maubeuge proposer au général Jourdan l'emploi d'un aérostat à son armée.

« J'arrivai à Beaumont couvert de boue ; car j'avais été obligé de faire les six lieues de route à franc étrier, par des chemins si mauvais que les équipages d'artillerie avaient de la boue par-dessus les moyeux des roues. Le représentant auquel je devais présenter mon ordre ne comprit d'abord ni ma mission ni l'ordre du comité de salut public, encore moins un aérostat au milieu du camp ; il me menaça de me faire fusiller, avant de m'entendre, comme suspect ; il finit pourtant par se radoucir, et me fit des compliments sur mon dévouement.

« L'armée était à Beaumont, six lieues au delà de Maubeuge ; l'ennemi, à moins d'une lieue de distance, pouvait attaquer à chaque instant. Le général me fit cette observation, qu'il m'engagea à porter au comité. J'arrivai à Paris après avoir passé deux jours et demi et deux nuits à cette expédition.

« La commission sentit alors la nécessité de faire l'expérience entière avec un aérostat propre à élever deux personnes, et le ministre mit à ma disposition le jardin et le petit château de Meudon.

« Il fallait inventer un fourneau, dans lequel je crus nécessaire de placer sept tuyaux ; imaginer des appareils, des cuves transportables aux armées, et une foule de choses nécessaires, que l'expérience autant que la théorie devait indiquer.

« Je proposai aux membres de la commission de m'associer Conté, que je leur avais fait connaître lors de ma première expérience. Conté consentit à venir s'établir avec moi à Meudon, pourvu que j'eusse toute la responsabilité, la correspondance avec la commission et la comptabilité.

« Après quelques mois de travaux, le fourneau étant construit (en partie par nos mains), les tuyaux mis en place et tous les appareils disposés, l'aérostat fut rempli. J'en donnai avis à la commission ; plusieurs de ses membres vinrent présider à la première expérience au moyen d'un ballon tenu par des cordes.

« Les commissaires m'engagèrent à me placer dans la nacelle, et me donnèrent une suite de signaux à répéter et d'observations à faire. Je me fis élever successivement de toute la longueur des cordes, deux cent soixante-dix toises. J'étais alors à trois cent cinquante toises environ au-dessus du niveau de la Seine : je distinguais parfaitement, avec une lunette, les sept coudes de la rivière jusqu'à Meulan. Rappelé à terre, je reçus des compliments des membres de la commission, auxquels je ne dissimulai pas l'impression que pouvait éprouver celui qui, pour la première fois, se trouverait ainsi isolé à une plus ou moins grande distance de terre, et je leur fis sentir la nécessité d'être toujours deux, c'est-à-dire une personne avec celle qui est à la tête de toutes les opérations.

« C'est à tort qu'on a indiqué, dans plusieurs gravures, plus de deux cordes pour retenir le ballon : continuellement balancé, une troisième corde eût été tantôt trop longue, tantôt trop courte, suivant le mouvement imprimé au ballon ; par conséquent inutile. Une corde pour faire passer les avis n'eût été qu'embarrassante. J'avais dans ma nacelle de petits sacs remplis de sable et portant une flamme : j'y plaçais la note ou la lettre que je voulais faire passer, et je jetais le sac après avoir averti par un signe convenu. Il tombait au-dessous de la nacelle.

« Peu de jours après, le comité du gouvernement m'adressa le brevet de capitaine commandant les *aérostiers* dans l'arme de l'artillerie, attaché à l'état-major général. Je reçus en même temps l'ordre d'organiser une compagnie de trente hommes, y compris le capitaine, un lieutenant, un sous-lieutenant, un sergent-major faisant fonc-

tions d'officier-payeur, des sous-officiers, et de me rendre
à Maubeuge dans le plus bref délai.

« Le huitième jour je partis avec un officier, après avoir
dirigé sur Maubeuge le petit nombre de soldats que j'avais
pu réunir. Mon premier soin fut, en arrivant, de chercher
un emplacement, de construire mon fourneau, de faire
des provisions de combustible, et de tout disposer en attendant l'arrivée de l'aérostat et des appareils qui avaient
servi à ma première expérience de Meudon.

« Les différents corps de l'armée ne savaient de quel
œil regarder des soldats qui n'étaient pas encore sur l'état
militaire, et dont le service ne leur était pas connu. Le
général qui commandait à Maubeuge ordonna une sortie
contre les Autrichiens, retranchés à une portée de canon
de la place. Je lui demandai à être employé avec ma
petite troupe dans cette attaque. Deux des miens furent
grièvement blessés; le sous-lieutenant reçut une balle
morte dans la poitrine. Nous rentrâmes dans la place au
rang des soldats de l'armée.

« Peu de jours après, mes équipages étant arrivés, je
pus mettre le feu à mon fourneau, et l'aérostat fut rempli
dans moins de cinquante heures. Alors, deux et souvent
trois fois par jour je m'élevais, par ordre du général commandant, avec un officier de l'état-major, pour examiner
les travaux de l'ennemi, ses positions et ses forces.

« Chaque jour nous trouvions des différences sensibles,
soit dans les travaux que l'ennemi avait faits pendant la
nuit, soit dans ses forces apparentes. Le cinquième jour,
une pièce de dix-sept, embusquée dans un ravin à demi-
portée de canon, tira sur le ballon aussitôt qu'il fut aperçu
au-dessus des remparts. Le boulet passa par-dessus; un
second coup fut bientôt préparé; je voyais charger et
mettre le feu à la pièce; le boulet cette fois passa si près
que je crus l'aérostat percé. Au troisième coup, le boulet
passa dessous. Tous traversaient la ville et allaient tomber au milieu du camp retranché. (J'avais avec moi un

aérostier qui avait longtemps servi d'observateur à la tour, et que j'avais enrôlé dans ma compagnie.) Lorsque j'eus donné le signal de nous ramener à terre, ma troupe mit une telle activité pour m'y faire arriver, que la pièce ne put tirer que deux coups. Le lendemain matin, la pièce n'était plus en position.

« Occupé pendant vingt jours à des travaux continuels de jour et de nuit, ainsi qu'à des observations, rien n'était disposé pour entrer en campagne, pour conduire une voile tendue de vingt-sept pieds et un globe aussi fragile, pour sortir d'une place forte, traverser les fossés, passer par-dessus les remparts et les portes, lorsque je reçus à midi l'ordre de me porter le lendemain sur Charleroi, éloigné de douze lieues, par les détours que je serais obligé de faire pour éviter les villages, dont les rues étaient trop étroites.

« L'expérience m'avait appris ce qu'il me fallait de force et d'adresse pour résister au vent ou pour me mettre en garde contre ses atteintes imprévues. J'employai la nuit à disposer vingt cordes autour de l'équateur du filet, que je rendis solides par des attaches très-rapprochées et des nœuds coulants. Chaque aérostier devait porter sa corde, la fixer et la détacher au premier signal; la nacelle se suspendait et se détachait de la même manière. Nous pûmes sortir de la place et passer assez près des vedettes ennemies à la pointe du jour.

« Je voyageais avec le ballon à une élévation telle que la cavalerie et les équipages militaires pouvaient passer sous la nacelle, les aérostiers qui tenaient les cordes marchaient sur les deux bords de la route.

« La nacelle portait les deux cordes d'ascension, une grande toile (qui servait aussi à contenir le ballon à terre pendant la nuit) pour abattre le ballon lorsque le vent était trop fort; des piquets, des masses et des pioches, avec les sacs et les signaux. Le ballon pouvait enlever cinq cents livres: mais le plus faible excès de légèreté spéci-

fique suffisait pour s'élever dans le calme. Alors je portais
dans ma nacelle des sacs de sable de dix et vingt livres,
dont je diminuais le nombre suivant la force du vent, ou
que je vidais si des coups de vent me surprenaient. A Maubeuge, un coup de vent imprévu me portait sur la pointe
d'un clocher; un sac de vingt livres que je jetai brusquement me fit relever.

« Après avoir fait une reconnaissance en route, nous arrivâmes devant Charleroi au soleil couchant. J'eus le temps,
avant la fin du jour, de reconnaître la place avec un officier général. Le lendemain je fis une seconde reconnaissance dans la plaine de Jumet; et le jour suivant l'aérostat
fut en observation, avec un officier général et moi, pendant
sept à huit heures.

« A trois heures de l'après-midi (l'attaque (1) avait com-
mencé à trois heures et demie du matin), le général Jourdan me donna l'ordre de m'élever et d'observer un point
sur lequel il me donna une note. Pendant que j'observais
avec un officier de ma compagnie, un bataillon qu'on
faisait porter sur un autre point, par le chemin le plus
court, passa sous mes cordes : j'entendis plusieurs voix qui
répétaient avec humeur qu'on les faisait battre en retraite ;
je distinguai parfaitement la voix de l'un d'eux qui leur dit :
« Si nous battions en retraite, le ballon ne serait pas là. »

« Plusieurs officiers autrichiens qui étaient à la bataille
de Fleurus m'ont assuré, lorsqu'ils étaient en France, qu'il
avait été tiré sur nous plusieurs coups de carabine. Après
quelques autres reconnaissances, nous suivîmes les mouvements de l'armée. Nous étions près des hauteurs de Na-
mur, lorsqu'un coup de vent, que nous n'avions pu prévoir, porta le ballon sur un arbre qui le fendit dans sa
partie supérieure ; dans un instant il fut vidé.

(1) Il s'agit ici de la bataille de Fleurus, livrée par les Français,
assiégeant Charleroi, aux Autrichiens, qui voulaient délivrer cette
place. L'aérostat contribua beaucoup à assurer à l'armée française
la victoire qu'elle remporta dans cette journée fameuse.

« Je ne balançai pas à retourner à Maubeuge, dont nous étions éloignés de douze lieues ; nous y arrivâmes le lendemain matin. Un nouveau ballon que j'avais demandé n'étant pas arrivé, je crus devoir prendre la poste pour en hâter l'expédition. Aussitôt que je l'eus reçu je fis toutes les dispositions pour le remplir. Après plusieurs reconnaissances auprès des officiers généraux qui commandaient les différents corps de l'armée, nous passâmes la Meuse en bateau pour nous diriger sur Bruxelles. Un nouvel accident nous attendait à la porte de cette grande ville. Un coup de vent porta le ballon sur un éclat de bois qui le coupa dans sa partie inférieure ; il se perdit une petite quantité de gaz. J'entrai dans le parc, où je formai avec une simple ficelle une grande enceinte qui fut respectée par la multitude de curieux de toutes les classes. Bientôt l'accident fut réparé, et je rejoignis l'armée le quatrième jour.

« Arrivé à Borcette, près d'Aix-la-Chapelle, un séjour de quelques mois me permit d'y faire un nouvel établissement. Je l'avais à peine terminé que je reçus l'ordre de me rendre à Paris pour y former une seconde compagnie : je fus chargé de la conduire à l'armée du Rhin, où les reconnaissances eurent le même succès.

« Les généraux autrichiens et les officiers de leur armée ne cessaient pas d'admirer cette manière de les observer, qu'ils appelaient aussi savante que hardie. J'en ai reçu les témoignages les plus honorables toutes les fois que je me suis trouvé avec eux. « Il n'y a que les Français capables d'imaginer et d'exécuter une pareille entreprise, » m'ont-ils répété lorsque je leur ai dit qu'ils pouvaient en faire autant.

« Je reçus l'ordre de faire une reconnaissance sur Mayence ; je me postai entre nos lignes et la place, à une demi-portée de canon : le vent était fort ; et pour lui opposer plus de résistance, je montai seul avec plus de deux cents livres d'excès de légèreté. J'étais à plus de cent cinquante toises d'élévation, lorsque trois bourras-

ques successives me rabattirent à terre avec une si grande
force, que plusieurs des barreaux qui soutenaient le fond
de ma nacelle furent brisés. Chaque fois le ballon s'élevait
avec une telle vitesse, que soixante-quatre personnes,
trente-deux à chaque corde, étaient entraînées à une
grande distance. Si les cordes avaient été fixées à des
grappins, ainsi qu'on me l'avait proposé, il n'y a pas de
doute qu'elles n'eussent été cassées ou que le filet n'eût
été rompu.

« L'ennemi ne tira point. Cinq généraux sortirent de la
place en élevant des mouchoirs blancs sur leurs chapeaux ;
nos généraux, que j'en prévins, allèrent au-devant d'eux.
Lorsqu'ils se furent rencontrés, le général qui commandait la place dit au général français : « Monsieur le général, je vous demande en grâce de faire descendre ce
brave officier : le vent va le faire périr ; il ne faut pas qu'il
soit victime d'un accident étranger à la guerre : c'est moi
qui ai fait tirer sur lui à Maubeuge. »

« Le vent se calma un peu ; alors je pus compter à la
vue simple les pièces de canon sur les remparts, ainsi
que toutes les personnes qui marchaient dans les rues et
sur les places. Généralement, les soldats ennemis, qui
tous voyaient un observateur plonger sur eux et prendre
des notes, étaient persuadés qu'ils ne pouvaient faire un
mouvement sans être remarqués. Nos soldats étaient de
la même opinion, et trouvaient dans les observateurs un
genre de bravoure nouveau qui excitait leur admiration
et leur confiance. Dans nos marches toujours pénibles,
la surveillance continuelle ne permettant à aucun aérostier de quitter la corde qui retenait le ballon, il nous est
arrivé de trouver sur notre passage des rafraîchissements
préparés pour nous ; souvent aussi des soldats de troupes
légères nous apportaient du vin.

« Nous étions campés sur les bords du Rhin devant
Manheim, lorsque le général qui nous commandait m'envoya en parlementaire sur l'autre rive. Aussitôt que les

officiers autrichiens eurent appris que je commandais l'aérostat, je fus accablé de questions et de compliments; un officier qui avait passé le fleuve avec moi observa que si mes cordes cassaient, je pourrais être exposé en tombant dans le camp ennemi. « Monsieur l'ingénieur aérien, répondit un officier supérieur, les Autrichiens savent honorer les talents et la bravoure; vous seriez traité avec distinction. C'est moi qui vous ai aperçu et signalé le premier, pendant la bataille de Fleurus, au prince de Cobourg, dont je suis l'aide de camp. » Je lui observai qu'on ne devait pas, suivant l'usage, m'interdire l'entrée de la place, puisque, en m'élevant sur l'autre rive, je plongeais sur la ville. Le général qui commandait envoya le lendemain l'autorisation de me faire voir la place, si notre général consentait à m'y laisser entrer.

« Si le balancement qu'on éprouve, et qui est plus ou moins grand suivant la force du vent, est souvent un obstacle lorsqu'on est obligé de se servir de lunette (excepté dans les très-grands vents, je m'étais habitué à m'en servir), je dois faire observer que, le plus souvent, on distingue à la vue simple les différents mouvements des corps d'infanterie, de cavalerie, d'artillerie, et leurs parcs : à Maubeuge, devant Mayence et Manheim, je pouvais compter les pièces de canon dans les redoutes et sur les remparts, à la vue simple.

« Ce qui cause une impression à laquelle on a besoin de s'accoutumer, c'est le bruit que fait le ballon lorsqu'il est comprimé par les coups de vent répétés; il s'y forme une concavité plus ou moins grande suivant la force du vent. Lorsque le coup de vent a passé, le ballon reprend sa forme, par l'élasticité du gaz qui était comprimé, avec une telle vitesse, que le bruit ou coup de fouet du taffetas se fait entendre à une grande distance, ce qui ferait craindre sa rupture s'il n'était pas contenu par le filet. Du reste, cet accident ne m'est jamais arrivé, quoique je me sois souvent servi d'un ballon dont le taffetas avait perdu presque toute sa force.

« Pendant que j'étais à cent cinquante toises d'élévation pour une reconnaissance sur les bords du Rhin, un frisson épouvantable me força pour la première fois de m'asseoir dans ma nacelle ; il fut suivi d'une fièvre violente qui me mit aux portes du tombeau à Frakental, où j'avais fait un établissement. Mon lieutenant prit le commandement de ma compagnie et passa le Rhin : dans la première nuit son ballon fut criblé de chevrotines et mis hors de service.

« Celui que conduisait le capitaine Lhomond, commandant la seconde compagnie, et que plusieurs bombes et boulets n'avaient pu démonter devant Erhenbreinstein, fut également percé de plusieurs balles près de Francfort. Cette compagnie fut faite prisonnière de guerre à Würtzbourg, en Franconie, et fit ensuite partie de l'expédition d'Égypte.

« Forcé de prendre un congé, j'étais à peine convalescent lorsque je rentrai à Paris. Je fus élevé, en arrivant, au grade de chef de bataillon, et je repris la suite de mes travaux à Meudon. »

Les hostilités étant alors suspendues, Coutelle fut chargé, conjointement avec son ami Conté, d'établir à Meudon une *école aérostatique,* dont ce dernier fut nommé directeur. Cette école était destinée à recevoir un certain nombre de jeunes gens sortant de l'École militaire et à les exercer aux manœuvres aérostatiques. Ces manœuvres consistaient dans la construction, l'appareillement et la conduite des ballons, et dans la pratique de l'espèce de télégraphie imaginée par Conté pour entretenir la correspondance entre l'aéronaute et les personnes restées à terre. Tout devait se passer dans le plus grand silence. L'officier montant le ballon correspondait, premièrement avec ses hommes qui tenaient les cordes et conduisaient le ballon ; il se servait pour cela de drapeaux carrés ou triangulaires, de cinquante centimètres de large et de couleurs diverses ; chaque drapeau, rouge ou blanc ou jaune, etc., avait un sens propre et signifiait qu'il fallait laisser monter, faire descendre, avancer, reculer, aller à droite, à gauche, etc. ; et réciproquement, les aérostiers répondaient par des pièces d'étoffes semblables qu'ils étendaient sur le sol, et qui avertissaient l'aéronaute des mouvements qu'il devait exécuter; deuxièmement avec le général en chef, auquel il transmettait le résultat de ses reconnaissances sur des morceaux de papier attachés à de petits sacs pleins de sable, surmontés d'une banderole, qu'il jetait à terre.

A la reprise des hostilités, les aérostats furent encore employés avec succès à Bonn, à Liége, à Coblentz, au Coq-Rouge, à Kiel, à Strasbourg et à Andernach, par les généraux Jourdan, Lefebvre, Pichegru, Moreau et Bernadotte.

Le général Bonaparte emmena aussi avec lui en Égypte la seconde compagnie d'aérostiers, alors commandée par Conté ; mais les Anglais capturèrent le vaisseau qui portait les appareils et les matériaux destinés à la production du gaz et à la construction des aérostats. Les aérostiers ne furent donc, dans cette expédition, d'aucune utilité stratégique, et leur rôle se borna à faire enlever quelques ballons dans les fêtes par lesquelles le général en chef s'appliquait à charmer les ennuis de ses soldats, et à impressionner favorablement l'imagination des Orientaux.

Napoléon n'était pas, du reste, partisan de l'emploi des aérostats aux armées; il était convaincu que, si l'on en avait tiré d'abord parti, cela était dû uniquement à ce qu'alors les Français avaient seuls de ces machines, et seuls aussi savaient s'en servir; mais que désormais, la construction et la manœuvre des aérostats n'étant plus un secret pour aucune nation de l'Europe et ne constituant plus un privilége entre nos mains, les ennemis pourraient aisément opposer des ballons aux nôtres, et qu'ainsi l'aérostation militaire ne serait plus dans la stratégie qu'une complication générale et inutile, dont il ne résulterait pour nos armées aucun avantage spécial. En conséquence, lorsqu'il devint premier consul, il fit fermer l'école de Meudon et vendre tous les ustensiles qu'elle contenait.

VII

Invention du parachute : Sébastien Lenormand , — Garnerin, — Cocking. — Naufrages aérostatiques : Zambeccari, — Olivari, — Mosment, — Bittorf, — Mme Blanchard, — Harris, — Sadler, — Gale, — Emma Verdier, — M. Godard.

La résistance que l'air atmosphérique oppose à la chute des corps est en raison inverse de leur masse et en raison directe de leur étendue. L'air, constituant d'ailleurs ce qu'on nomme un fluide élastique, tend toujours, lorsqu'il est comprimé, à reprendre sa position première, et il y tend avec une énergie proportionnelle à la pression exercée. Le vol des oiseaux, l'enlèvement des *cerfs-volants*, les spirales que décrit en tombant une feuille de papier, sont autant d'applications naturelles ou factices de cette double loi physique. C'est aussi de la résistance et de l'élasticité de l'air qu'on a voulu tirer parti pour construire les machines volantes dont nous avons fait mention au commencement de cette notice, ainsi que pour essayer, comme nous le verrons un peu plus loin, de diriger les ballons. Or, quelque infructueuses qu'aient été ces diverses tentatives au point de vue de la navigation aérienne, elles amenèrent pourtant, dans le même temps où les Montgolfier ouvraient à l'homme, selon l'expression de Charles, la route des cieux, un résultat qui n'est pas sans intérêt; elles fournirent à l'aérostation un utile auxiliaire, le *parachute*.

Un physicien de Montpellier, Sébastien Lenormand, ayant lu dans des relations de voyage que les jongleurs indiens pratiquent entre autres exercices celui de se laisser aller d'une assez grande hauteur en ralentissant leur chute au moyen de parasols ouverts, voulut faire lui-même l'expérience de leur procédé. Le 26 novembre 1783, il sauta d'un premier étage dans la rue, tenant dans chaque main un parasol ouvert de quatre-vingts centimètres de diamètre, dont le pavillon était maintenu par des ficelles attachant au manche l'extrémité des baleines; il tomba sur ses pieds sans s'être fait aucun mal. Peu de jours après, sur la demande et en présence de l'abbé Bertholon, professeur de physique à Montpellier, il lança du haut de la tour de l'observatoire de cette ville un grand parasol disposé comme les premiers, et sous lequel était suspendu un panier renfermant quelques animaux; ceux-ci arrivèrent à terre sains et saufs. Lenormand calcula alors les dimensions d'un parasol pouvant ralentir assez la chute d'un homme pour le préserver de tout danger, et il trouva qu'un diamètre de cinq mètres était suffisant, pourvu que le poids total de l'homme et de l'appareil ne dépassât pas cent kilogrammes. Sur ces entrefaites, Étienne de Montgolfier vint à Montpellier. Lenormand s'empressa de lui faire part de sa découverte et renouvela devant lui ses expériences. Montgolfier approuva le nom de *parachute* que l'inventeur avait donné à son instrument, et proposa d'y faire quelques changements de peu d'importance.

Quelque temps après, l'aéronaute Blanchard, qui avait naguère songé à faire entrer dans le gréement de son char volant un engin semblable, donna plusieurs fois au public le spectacle assez curieux d'animaux qu'il suspendait à un parachute, et qu'il détachait de sa nacelle lorsqu'il était arrivé à une certaine élévation; ces animaux toujours étaient retrouvés vivants. Néanmoins, quelque concluants que ces faits dussent paraître, nul ne se souciait de tenter *personnellement* l'expérience du parachute, et il ne fallut pas moins que les souffrances d'une longue détention et l'amour de la liberté pour inspirer à des hommes la pensée d'une entreprise aussi hardie.

Deux membres de la Convention, Jacques Garnerin et

Drouet (1), envoyés en qualité de commissaires à l'armée du Nord, et faits prisonniers par les Autrichiens, le premier au combat de Marchiennes, le second au blocus de Maubeuge, essayèrent, chacun de son côté, d'employer le parachute comme moyen d'évasion.

Drouet, enfermé dans la forteresse de Spielberg en Moravie, fabriqua un parachute avec les rideaux de son lit, et s'élança pendant la nuit du haut de la tour qui lui servait de prison ; il se cassa un pied en tombant, fut repris, et ne recouvra sa liberté qu'un an plus tard, grâce à un échange de prisonniers. Garnerin, détenu à Bude en Hongrie, ne put pousser aussi loin sa tentative : il y gagna du moins de conserver ses membres intacts. Ses gardiens découvrirent les préparatifs auxquels il se livrait, et lui ôtèrent les moyens de les continuer. Il ne fut élargi qu'en 1797. De retour à Paris, comme il était sans fortune, il dut songer à se créer des moyens d'existence. L'exemple de Blanchard l'encouragea à se faire aéronaute, et il consacra sa première ascension à réaliser le projet qu'il avait conçu durant sa captivité, le parachute lui paraissant propre à devenir un instrument de sauvetage pour les navigateurs aériens.

Le premier brumaire an VI (22 octobre 1797), Garnerin s'éleva du parc de Monceaux, non sans avoir eu à essuyer pendant les préparatifs de son expérience des accidents et des contre-temps qui en retardèrent de plusieurs heures l'exécution. Un parachute replié sur lui-même, mais tenu entr'ouvert par un cerceau, afin de donner prise à l'air, était suspendu entre la nacelle et le ballon. Arrivé à une hauteur de quatre cents mètres, Garnerin coupa la corde qui attachait au globe le parachute et la nacelle. Le ballon, fortement gonflé, s'éleva et fit explosion presque aussitôt ; le parachute s'ouvrit en prenant un mouvement d'oscillation intense qui sembla mettre en danger les jours

(1) Le même qui, étant maître de poste à Sainte-Menehould, avait arrêté la famille royale dans sa fuite à Varennes.

de l'aéronaute. Ce balancement venait de ce que l'air, comprimé par le pavillon, s'échappait brusquement, tantôt d'un côté, tantôt de l'autre ; la frayeur fut telle parmi les spectateurs, que l'air retentit de cris perçants et que plusieurs dames s'évanouirent. Cependant Garnerin descendit dans la plaine de Monceaux assez doucement pour n'être point blessé ; il monta aussitôt à cheval et revint bride abattue au parc, où il fut comblé des marques de sympathie et de joie de la foule.

Garnerin reconnut aisément la cause des oscillations qui avaient tant ému le public, et qui étaient, en effet, de nature à occasionner les accidents les plus funestes ; il apporta en conséquence au parachute une modification indispensable en disposant sur le sommet du pavillon une cheminée d'un mètre environ de hauteur, donnant à l'air comprimé une issue qui, sans accélérer la descente de l'appareil, lui conservât une direction sensiblement verticale. Bien que Garnerin n'eût d'autre mérite que de s'être le premier servi de parachute *coram populo*, et de l'avoir perfectionné, il obtint du gouvernement un brevet d'invention, qui, du reste, ne lui conférait heureusement aucun droit exclusif. Cet appareil devint dès lors le palladium des aéronautes, qui manquent rarement de l'adapter à leurs machines ; plusieurs même, pour donner plus d'intérêt au spectacle de leurs excursions, les terminent en abandonnant leur ballon, et en se laissant descendre doucement sous le dôme de leur parachute.

La forme de calotte sphérique et les dispositions données par Garnerin à son appareil sont les seules conformes non-seulement aux lois de la statique, mais encore à celles du simple bon sens. Il s'est pourtant trouvé un homme assez fou pour les vouloir modifier, et de quel façon, juste Ciel ! Le malheureux, du reste, a payé cher son ignorance et sa folie. C'était un Anglais nommé Cocking, grand amateur d'aérostation et tourmenté de la manie d'innover. Il eut la déplorable idée de *renverser* le parachute, d'en

présenter à l'air la surface convexe au lieu de la surface
concave : c'était renverser en même temps les notions les
plus élémentaires de la gravitation ; c'était, dit avec raison M. Dupuis-Delcourt, « se suspendre à une sorte de vis
aérienne, de tarière, qui, au lieu de ralentir la descente
du corps, devait en accélérer la chute. Mais M. Cocking
doutait si peu de l'excellence de son système, qu'il voulut
en faire lui-même l'expérience. Pour comble de malheur,
il trouva un fauteur, un complice de son aberration dans
son compatriote M. Green, aéronaute célèbre, que la prudence et l'humanité auraient dû, à défaut de savoir, détourner d'une si fatale complaisance. L'ascension se fit au
Vauxhall de Londres, le 27 septembre 1836. M. Green
avait attaché au-dessous de sa nacelle M. Cocking et son
appareil ; parvenu à une hauteur de mille à douze cents
mètres, il coupa la corde. L'infortuné Cocking fut précipité avec une vitesse qu'un témoin oculaire n'a pas évaluée
à moins de vingt mètres par seconde. En une minute et
demie il atteignit le sol. On le releva mort.

L'invention du parachute est le dernier progrès accompli jusqu'ici dans l'aérostation ; et cet art fameux, dont
l'apparition avait excité un si vif enthousiasme et fait
naître de si magnifiques espérances, cet art que, dans le
principe, on put croire appelé à de si sublimes destinées,
est maintenant, on le dirait, en pleine décadence. Étu-
diée et pratiquée d'abord avec une généreuse ardeur par
des hommes qu'animait seul le pur amour de la science,
la navigation aérienne ne tarda pas à devenir presque exclusivement un objet de puérile curiosité pour les uns, et
de spéculation mercantile pour les autres. Nous l'avons
vue, il est vrai, se relever un instant pendant les guerres
de la révolution et prêter aux armées françaises un utile
concours, nous la verrons encore appliquée par des savants
courageux à l'observation des phénomènes météorologiques ; nous verrons enfin quelques *chercheurs,* moins heureux que dévoués, s'ingénier, au péril de leur fortune ou

de leur vie, à la doter d'un moyen de direction; mais, malgré ces louables efforts, elle n'est plus depuis long-temps qu'un élément ajouté aux divertissements publics, où elle commença de figurer dès 1795 au même titre et avec le même succès que les feux d'artifice et les mâts de cocagne; elle est, ou peu s'en faut, mise au rang de tant d'autres métiers exercés, sous la surveillance de l'autorité, par des industriels vulgaires, et quelquefois par des charlatans.

Aux Montgolfier, aux Pilastre du Rozier, aux Guyton de Morveau, à ces vaillants éclaireurs qui se flattaient de frayer la route vers un monde nouveau, ont succédé des gens qui se font aéronautes comme ils se feraient dompteurs de bêtes ou danseurs de corde, et qui, selon l'expression un peu triviale, mais vraie, de leur confrère Robertson, « ne font pas plus avancer l'aérostation par leurs ascensions qu'un Savoyard ne fait avancer l'optique en montrant la lanterne magique. » L'atmosphère est pour eux un théâtre où viennent briller tour à tour, après Blanchard et Testu-Brissy, Garnerin, qui depuis 1797 jusqu'en 1804 fut exclusivement chargé par le gouvernement de pourvoir à la partie aérostatique des fêtes nationales, et qui fit, il faut le dire, quelques belles excursions; Élisa Garnerin, sa nièce; Mme Blanchard, qui périt victime de son industrie; Robertson, qui se livra à quelques observations scientifiques; Margeat, Green père et fils, et de nos jours enfin MM. Godard, Poitevin, etc.

Mais ce théâtre est un océan non moins perfide, non moins sujet aux tempêtes que l'Océan proprement dit, et déjà les annales de la navigation aérienne ont eu à enregistrer plusieurs naufrages. Nous allons jeter un coup d'œil sur cette liste funèbre.

Le premier nom qui s'offre à nos regards est celui du comte bolonais Zambeccari. Celui-là du moins a droit à nos respects, et mérite par son dévouement héroïque au progrès des sciences, non moins que par sa témérité indomptable et par sa fin tragique, de trouver place, auprès de Pilastre et de Romain, parmi ceux qu'on peut justement appeler les martyrs de l'aérostation.

Zambeccari avait d'abord servi dans la marine espagnole. Fait prisonnier par les Turcs en 1787, il avait langui jusqu'en 1790 au bagne de Constantinople. Ce fut là que, durant ces trois années de captivité, il s'occupa à méditer sur l'aérostation et à en former une théorie que, devenu libre, il fit imprimer et mit en pratique à Londres pour la première fois. Son système, assez semblable à celui de Pilastre du Rosier, consistait à chauffer (indirectement sans doute) le gaz contenu dans le ballon au moyen d'une lampe à alcool à vingt-quatre becs, de sorte qu'en éteignant ou en rallumant une partie de ces becs, on pût descendre ou monter à volonté, sans qu'il fût besoin de s'encombrer de paille et de s'astreindre à une manœuvre difficile et fatigante. De retour en Italie, il soumit son projet à trois professeurs de physique, ses compatriotes, Saladini, Canterzani et Avanzini, qui en firent à l'Académie des sciences de Bologne un rapport favorable, et obtinrent de leur gouvernement qu'une somme de huit mille francs fût allouée à Zambeccari pour ses expériences. Zambeccari confectionna alors une machine telle qu'il l'avait conçue, et fixa son ascension au 4 septembre 1791. Mais la négligence ou l'impéritie de ceux qu'il avait chargés des préparatifs l'obligea d'abord à la remettre au lendemain et à demander au gouvernement une nouvelle somme de trois mille francs, qui lui fut seulement prêtée sur la garantie de ses revenus, et dont la restitution fut rigoureusement exigée de sa famille. Puis le vent et la pluie rendirent nécessaires de nouveaux ajournements du 4 au 5 et du 5 au 6. Le 7, le temps se montra plus favorable ; mais Zambeccari, abandonné par la plupart de ceux sur le concours desquels il avait compté, et mal secondé par les autres, ne put partir qu'à minuit, exténué de fatigue et de faim, et peu rassuré sur sa machine, que des manœuvres mala-

5

droites avaient mise en mauvais état. Deux de ses amis, nommés l'un Andreoli, l'autre Grassetti, avaient eu néanmoins le courage de monter avec lui dans la nacelle. Il voulut d'abord se tenir à l'ancre au-dessus de son point de départ, pour attendre le jour ; mais voyant que l'aérostat descendait, sans doute par suite de déchirures mal raccommodées qui laissaient échapper le gaz, il prit le parti de le laisser aller, s'attendant à le voir s'abattre à peu de distance de Bologne. Il n'en fut rien pourtant : à peine mis en liberté, le ballon s'éleva avec une incroyable vitesse, et un vent du sud-ouest l'emporta violemment. La lampe à alcool devenait inutile : on s'en débarrassa ; l'obscurité rendait toute observation barométrique impossible ; le froid était insupportable, et Zambeccari, épuisé par la fatigue et l'inanition, tomba dans un engourdissement léthargique, et il en arriva autant à Grassetti. Andreoli seul, grâce sans doute au repas copieux qu'il avait fait et à la grande quantité de rhum qu'il avait bue avant de s'embarquer, eut la force de résister et demeura sur pied, quoique souffrant beaucoup du froid.

La machine avait repris une marche descendante à travers les nuages épais : tout à coup Andreoli entendit un bruit sourd, qu'il reconnut avec terreur pour le mugissement des vagues de la mer. Il secoua alors vigoureusement ses compagnons, et parvint non sans peine à les réveiller. Il était trois heures du matin ; les voyageurs allumèrent leur lanterne pour examiner le baromètre ; mais au même instant ils reconnurent qu'ils n'étaient plus qu'à quelques mètres au-dessus de la mer ; et comme Zambeccari saisissait un gros sac de lest pour alléger la machine, ils se trouvèrent les jambes dans l'eau. Ils jetèrent alors tous les objets qui ne leur parurent pas être d'une indispensable nécessité, argent, vêtements, agrès, instruments de physique et jusqu'à leur lampe. Le ballon, ainsi allégé, se releva tout à coup, monta rapidement, et à une hauteur telle que les aéronautes ne pouvaient plus s'en-

tendre même en criant, que Zambeccari fut pris d'étour-
dissements et de nausées, Grassetti d'un saignement de
nez abondant, et que les vêtements mouillés des trois
compagnons se couvrirent d'une couche de glace. La lune,
qui était dans son dernier quartier, se trouva en ligne parallèle avec eux et leur parut rouge comme du sang. Ils
restèrent une demi-heure dans ces funèbres régions, après
quoi ils redescendirent et retombèrent une seconde fois
dans la mer. Il était environ quatre heures du matin : la
nuit était trop noire encore, la mer trop houleuse et leurs
esprits trop abattus pour qu'ils pussent se rendre compte
de la distance qui les séparait de la côte; toutefois Zambeccari conjectura qu'ils devaient être au milieu de la mer
Adriatique, dans la direction de Rimini. Le ballon, dégonflé de plus de moitié, faisait voile au vent, et les malheureux voyageurs furent traînés et ballottés pendant plusieurs
heures, tantôt plongés dans l'eau jusqu'à la ceinture, tantôt entièrement couverts par les lames. Quand le jour leur
permit de s'orienter, ils se trouvèrent vis-à-vis de Pezaro,
à environ six kilomètres de la côte. Déjà l'espoir renaissait
dans leur âme et ils se flattaient d'aborder bientôt près de
cette ville, lorsqu'un vent violent de terre les repoussa au
large; bientôt ils ne virent plus autour d'eux que le ciel
et l'eau; ils apercevaient bien de temps à autre quelques
bâtiments : mais ceux-ci, effrayés à l'aspect de cet objet
bizarre qu'ils voyaient nager sur les flots et dont ils étaient
bien loin de soupçonner la nature, faisaient force de voiles
pour s'en éloigner. Enfin, pourtant, un navigateur plus
courageux ou plus instruit que les autres s'approcha, reconnut la machine flottante pour un ballon, et détacha la
chaloupe. Les matelots lancèrent aux naufragés une corde,
que ceux-ci amarrèrent à leur galerie, et au moyen de laquelle ils furent hissés jusqu'à l'embarcation. Le ballon,
allégé du poids de son équipage, se releva; les marins
voulaient le ramener à bord; mais ils ne purent le retenir,
et furent obligés de le lâcher : il disparut bientôt dans les

nuages. Les aéronautes, surtout Zambeccari et Grassetti, étaient dans le plus déplorable état; ces deux derniers avaient les mains mutilées et respiraient à peine. Le commandant du navire leur prodigua tous les soins imaginables et les conduisit au port de Ferrada, d'où ils furent transportés à Pola. Zambeccari dut subir l'amputation de trois doigts.

Une si funeste expérience aurait dû le guérir à tout jamais de sa manie aéronautique; mais il était de ces hommes à idée fixe, que le succès ou la mort peuvent seuls arrêter dans leur carrière. A peine guéri de ses blessures, Zambeccari voulut recommencer ses expériences; — pourtant il était époux et père!... Ne possédant presque plus rien, et ne pouvant plus obtenir de son gouvernement aucune subvention, il fit faire des démarches auprès du roi de Prusse, qui, malheureusement, lui accorda les moyens de reprendre ses funestes tentatives. Le 21 septembre 1812, Zambeccari fit à Bologne une dernière ascension : son ballon prit feu dès le départ, et lui-même retomba à terre à demi consumé.

Dix ans auparavant, un accident analogue était arrivé à Orléans. Le 26 novembre 1802, une montgolfière en papier, montée par un nommé Olivari, était devenue la proie des flammes, et l'aéronaute s'était tué en tombant d'une hauteur considérable.

Le 7 avril 1806, un certain Mosment, ayant eu l'imprudence de s'enlever sur une nacelle étroite et plate, se laissa tomber en lançant dans l'espace un parachute avec un animal. On retrouva son corps enfoncé dans le sable des fossés qui entourent la ville de Lille, où avait eu lieu l'ascension.

L'Allemand Bittorf, après une carrière aérostatique assez heureuse, périt à Manheim, le 17 juillet 1812, par une circonstance exactement semblable à celle qui avait causé la mort d'Olivari : la montgolfière dont il se servait prit feu à une grande élévation, il se tua en tombant.

L'année 1819 vit s'accomplir une des catastrophes aéro-statiques qui ont causé le plus de sensation en Europe : nous voulons parler de la mort de Mme Blanchard.

Blanchard, ainsi que nous l'avons vu plus haut, après avoir gagné dans ses ascensions une fortune colossale, était mort très-pauvre, ne laissant à sa veuve, selon sa propre et cynique expression, « d'autre ressource que de se noyer ou de se pendre. » Mais celle-ci ne fit ni l'un ni l'autre : pensant que l'industrie qui avait été si lucra-tive pour son mari pourrait bien la faire vivre elle aussi, elle se fit aéronaute, et exécuta avec succès et profit un grand nombre d'ascensions. Une fois pourtant, à Turin, elle eut fort à souffrir d'un froid si intense, que des gla-çons se formaient sur son visage et sur ses mains. Une autre fois, en 1817, étant partie de Nantes, elle alla tom-ber dans un marais où elle faillit se noyer; mais, douée d'une énergie au-dessus de son sexe, et familiarisée avec les dangers de sa profession, elle n'en continua pas moins de se livrer à des exercices où elle trouvait honneur et bénéfice.

Mme Blanchard était fort aimée du public; elle avait hé-rité de toute la vogue dont avaient joui ses devanciers, Blanchard, Testu-Brissy, Garnerin. Aux verres de couleur dont ce dernier avait coutume d'orner sa nacelle, elle avait substitué une couronne d'artifice qui s'allumait à une certaine hauteur et inondait l'atmosphère d'une pluie lu-mineuse et bigarrée. Un soir elle voulut faire mieux en-core. C'était le 6 juillet 1819. Il y avait grande fête et foule joyeuse au jardin de Tivoli. Après un magnifique feu d'ar-tifice, Mme Blanchard devait couronner la soirée par une ascension embellie de flammes de Bengale et d'autres divertissements pyrotechniques. Elle s'éleva en effet. Outre la couronne suspendue au-dessous de sa nacelle, elle avait, pour surprendre le public par un spectacle nou-veau, emporté avec elle un petit parachute de six mètres de tour, lesté par une pièce d'artifice que terminait une *bombe à pluie d'argent.* Lorsque la couronne fut éteinte, elle lança son appareil, et saisit, pour y mettre le feu, une mèche qu'elle avait placée tout allumée dans un coin de son char. Par malheur, le ballon, trop gonflé, perdait en ce moment un excès de gaz, qui fusait par l'appendice. Mme Blanchard fit passer, sans y prendre garde, sa mèche dans ce courant, et l'hydrogène prit feu aussitôt. La masse des spectateurs, voyant un jet de flamme illuminer le ciel, crut à un supplément de feu d'artifice, battit des mains et cria bravo. Mais, tandis que Mme Blanchard s'efforçait d'intercepter la flamme en comprimant l'appendice, l'ignition s'était, on ne sait comment, propagée extérieurement de bas en haut, et un énorme jet de gaz en combustion s'échappait par une ouverture qui s'était faite à la partie supérieure du ballon. Cependant la machine descendait avec assez de lenteur pour que l'aéronaute pût toucher le sol sans accident; un certain nombre de spectateurs et les employés de Tivoli, comprenant que ce qui se passait n'était pas normal, avaient couru dans la direction que suivait le ballon, afin de porter secours à l'aéronaute si besoin était. Tout paraissait donc concourir à un dénoûment relativement heureux, lorsque, par une déplorable fatalité, le vent, qui jusqu'alors avait soufflé de l'est, vira au nord-ouest, et, au lieu de porter l'aérostat dans la plaine de Monceaux, où il se fût abattu à terre, le ramena sur Paris, et le poussa contre le toit de la maison faisant le coin des rues de Provence et Chauchat. « A moi ! » cria Mme Blanchard. La nacelle glissa sous le toit et s'arrêta brusquement à un crampon de fer. Cette secousse inattendue précipita la malheureuse femme sur le pavé, où elle se brisa la tête. Mme Blanchard n'était âgée que de quarante et un ans.

L'Angleterre a aussi fourni à l'aérostation son contingent de victimes. Nous avons déjà raconté comment périt Cocking dans son imprudente tentative pour réformer le parachute. Avant lui, MM. Harris et Sadler, et après lui le lieutenant Gale, trouvèrent la mort dans des excursions où pourtant ils s'étaient tenus dans les limites tracées par la prudence et par les règles de l'art.

Le premier, ancien officier de marine, après avoir exécuté avec M. Graham plusieurs ascensions, voulut construire et diriger lui-même un ballon. Sa première et dernière expérience en ce genre eut lieu à Londres au mois de mai 1824. Il s'éleva à une grande hauteur, puis ouvrit la soupape afin de redescendre ; mais quand il voulut la refermer pour s'arrêter, elle cessa d'obéir, et comme l'ouverture était d'une grande dimension, la déperdition rapide du gaz changea la descente en une véritable chute. Le choc qu'éprouva la nacelle en touchant le sol fut si violent, qu'Harris ne se releva plus. Cependant une dame qui l'accompagnait en fut quitte pour des contusions assez légères.

Sadler s'était rendu célèbre dans son art par de nombreux voyages aériens ; il avait même une fois, à l'exemple du docteur Potin, franchi le canal Saint-Georges de Dublin à Holyhead. Le 20 septembre 1824, il fit, près de Bolton, sa dernière expérience. Ayant, pendant une excursion prolongée, épuisé tout son lest, et redescendant le soir par un vent violent, il fut jeté contre des cheminées qu'il n'avait pas vues ou qu'il n'avait pu éviter, et précipité hors de sa nacelle sur le pavé.

La mort de Georges Gale est tout à fait récente. Après avoir servi dans la marine anglaise, il s'était associé avec un aéronaute de ses compatriotes, M. Clifford, qui possédait un magnifique ballon, et tous deux parcouraient la France, donnant des représentations aérostatiques où ils déployaient une adresse remarquable. Gale a exécuté à Paris, comme M. Poitevin, des ascensions équestres, exercice audacieux qui provoque toujours l'étonnement du public. Ce fut à la suite d'une ascension semblable qu'il perdit la vie le 9 septembre 1850, près de Bordeaux, d'où il était parti. Après un séjour d'une heure dans l'atmosphère,

il redescendit sur le territoire de Cestas ; des paysans sai-
sirent les cordes du ballon et détachèrent le cheval. Gale
resta dans sa nacelle, indiquant tant bien que mal aux paysans, par ses gestes et par des phrases à peu près inintel-
ligibles pour eux (il ne savait pas le français), les manœuvres à exécuter. Sur une indication interprétée au rebours,
ces hommes lâchèrent les câbles ; l'aérostat, qui venait
d'acquérir par la descente du cheval plus de cent cinquante
kilogrammes de légèreté spécifique, s'éleva avec une effrayante rapidité. Gale fut d'abord renversé par le choc
dans sa nacelle ; puis on le vit, à une grande hauteur, im-
mobile et le corps penché par-dessus le bord. Le soir à
onze heures, le ballon vint s'abattre à demi dégonflé, mais
dans un état de parfaite conservation, au milieu d'une
lande située non loin du lieu appelé la Croix-d'Hinx. Quant
à Gale, on ne retrouva de lui qu'un cadavre mutilé ; ce fut
un pâtre qui le découvrit le lendemain matin, à deux kilomètres plus loin, dans un massif de bruyères.

Plus récemment encore, le 19 juillet 1853, une jeune
fille de vingt et un ans, Emma Verdier, a péri à Montes-
quiou (Gers). Elle s'était élevée de Mont-de-Marsan, le
matin, dans une montgolfière appartenant à M. Lartet, que
la *Société des fêtes* de la ville avait chargé de procurer à la
population le spectacle d'une ascension. Comment M. Lartet, au lieu de se placer lui-même dans l'aérostat, a-t-il
livré cette infortunée jeune fille aux hasards d'une si périlleuse entreprise, c'est ce que les journaux ne nous ont
point appris ; mais il y a lieu de croire qu'Emma Verdier
fut victime de cet impitoyable esprit de spéculation qui
rend tant de gens aveugles ou insensibles, et leur fait risquer froidement leurs jours ou ceux de leurs semblables
pour *contenter* un public égoïste et toujours avide d'émo-
tions nouvelles. Quoi qu'il en soit, voici comment, selon
les renseignements les plus vraisemblables, l'accident arriva. Après une courte traversée, la jeune fille voulut s'arrêter ; l'ancre, jetée sans doute mal à propos et d'une

main inhabile, s'accrocha à la cime d'un chêne assez
élevé. La force de propulsion du ballon n'étant point encore amortie, la corde se rompit, et il en résulta une secousse violente qui rejeta l'aéronaute hors de sa nacelle.
On la retrouva couchée sur le côté, les bras rompus et la
tête écrasée.

Nous avons eu déjà occasion de signaler les dangers
qu'entraîne l'emploi des montgolfières : quelques aéronautes les préfèrent encore cependant aux ballons à hydrogène, dont les frais s'élèvent à mille à douze cents francs,
tandis qu'une dépense d'une vingtaine de francs suffit à
fournir de quoi gonfler une montgolfière. A la vérité,
l'emploi de ces dernières machines est interdit jusqu'à un
certain point dans la plupart des États civilisés, c'est-à-
dire qu'on ne peut enlever de ballon *avec du feu ;* mais
les aéronautes dont nous parlons, qui ne tiennent pas à
faire de longues courses, éludent cette défense en retirant
le réchaud dès que l'aérostat est gonflé ; ils s'enlèvent ainsi
sans feu ; mais s'ils évitent de la sorte le danger de l'in-
cendie, ils en courent d'autres non moins grands, étant
forcés de descendre bon gré mal gré là où leur ballon les
veut déposer. Nous venons d'en voir un triste exemple.
Nous citerons encore les trois accidents essuyés à peu d'intervalle l'un de l'autre par un aéronaute actuellement très-
connu, M. Godard, qui, heureusement pour lui, en a été
quitte, la première fois, à Lille, pour une secousse un peu
rude qu'il éprouva en tombant sur un toit ; la seconde, à
Boulogne, pour un bain de mer ; la troisième, à Paris, pour
une immersion dans la Seine, où il faillit se noyer.

VIII

APPLICATIONS DIVERSES DES AÉROSTATS. — Excursions scientifiques
de MM. Robertson, Loest et Saccharoff, Biot et Gay-Lussac,
Barral et Bixio. — TENTATIVES ET THÉORIES RELATIVES A LA DIREC-
TION DES BALLONS, — Jacob Degen, Pauly, Scott, Charles Genet;
— MM. Lennox, Eubriot, Hanson, Petin; — MM. Dupuis-Del-
court et Van-Hecke, M. Marey-Monge. — EXAMEN DU PROBLÈME.
— CONCLUSION.

Tandis que les aéronautes de profession font de leur vie
un enjeu contre la richesse, d'autres hommes, cédant à
une plus noble inspiration, ont pris à tâche de féconder et
de développer les belles découvertes des frères Montgolfier et du physicien Charles.

Dès le mois de novembre 1783, Guyton de Morveau proposait, dans un rapport à l'Académie des sciences de Dijon, d'appliquer la force ascensionnelle des ballons à extraire les eaux des profondeurs des mines.

Plus tard, pendant la révolution, Conté voulut combiner
avec l'aérostation l'ingénieuse invention des frères Chappe,
et imagina un système de signaux télégraphiques exécu-
tables par des ballons captifs.

On s'est aussi servi de ballons avec succès pour lever les
plans de quelques villes, entre autres celui de Paris, par
Lomet.

Au début de l'aérostation, Montgolfier, l'abbé Bertholon
et d'autres avaient songé à porter jusque dans le flanc des
nuées le paratonnerre, inventé par Franklin peu de temps
auparavant. Cette idée a été émise de nouveau en 1838
par M. F. Arago (*Annuaire du bureau des longitudes pour
1838*), et en 1839 par M. Dupuis-Delcourt. Ce dernier a

imaginé un appareil auquel il donne le nom d'*électro-sub-*
tracteur. Cet appareil consiste en un cylindre étroit et
long, garni de pointes métalliques et terminé par deux
cônes. Il est retenu captif par plusieurs cordes semi - métalliques qui établissent entre les nuages et le réservoir
terrestre une communication constante. « Au moyen d'un
système articulé et libre de suspension, dit **M.** Dupuis-
Delcourt, la machine pivote librement sur son axe et peut
subir tous les mouvements que pourraient lui imprimer
les différents états de l'air. Elle tourne à tous vents comme
le ferait une immense girouette ; ainsi que le cerf-volant
de l'enfant, par le fait de son inclinaison calculée elle ré-
siste et tend à s'élever sous l'effort du vent ; enfin un lest
mobile complète l'état libre et indépendant de cette machine au sein de l'atmosphère. » Nous regrettons que la
pratique n'ait pas tenu jusqu'à présent les promesses de
cette théorie. Établir en permanence au-dessus de nos
cités et de nos campagnes des instruments protecteurs
bien autrement efficaces que les minces aiguilles qu'on
plante sur quelques édifices, des instruments capables de
faire avorter les orages terribles dont nous éprouvons fréquemment les ravages, ce serait rendre à l'humanité un
service signalé. Espérons que les promoteurs de cet utile
projet ne se rebuteront pas devant les premiers obstacles,
et que nous leur devrons un jour d'avoir un fléau de moins
à redouter.

L'emploi le plus remarquable qui ait encore été fait des
aérostats est assurément leur application aux recherches
scientifiques. Le physicien flamand Robertson et son compatriote Loest exécutèrent les premiers à Hambourg une
ascension dans le but d'examiner de près les phénomènes
météorologiques. Ils demeurèrent cinq heures en l'air,
parcoururent une distance de cent kilomètres et se livrèrent à diverses observations sur le magnétisme terrestre
et sur l'électricité, dont l'action leur parut s'affaiblir à mesure que le ballon s'élevait.

Robertson se rendit d'Allemagne en Russie. L'Académie des sciences de Saint-Pétersbourg l'invita à renouveler son expérience, ce qu'il fit en compagnie d'un membre de cette Académie, M. Saccharoff, le 30 juin 1804. Les observations faites dans cette seconde excursion semblèrent confirmer les premières. Elles furent pourtant réfutées bientôt après par celles de MM. Biot et Gay-Lussac, que l'Institut de France, sur la demande de Laplace et de Berthollet, chargea de vérifier les résultats obtenus par les savants étrangers.

MM. Biot et Gay-Lussac partirent du Conservatoire des arts et métiers le 20 août 1804. Ils reconnurent dans leur voyage que, contrairement aux assertions de Robertson, les oscillations de l'aiguille aimantée sont, à cinq mille mètres au-dessus du sol, sensiblement les mêmes qu'à la surface de la terre; ils constatèrent en outre que l'électricité de l'atmosphère était négative, que sa quantité croissait avec la hauteur, et que plus ils s'élevaient, moins ils trouvaient d'humidité dans l'atmosphère. Leurs observations sur la décroissance de la température furent fort défectueuses.

M. Gay-Lussac exécuta seul, peu de jours après, une nouvelle ascension afin de compléter l'expérience; mais il ne remarqua aucun phénomène qui n'eût été déjà constaté, et cette deuxième série d'opérations ne fit que confirmer les résultats que nous avons énoncés.

Quelques années plus tard, un illustre voyageur, M. de Humboldt, fit en Amérique un voyage aérien très-court et peu fructueux au point de vue scientifique.

Enfin deux savants distingués, MM. Bixio et Barral, ont exécuté le 29 juin et le 26 juillet 1850 deux ascensions dont, par suite de circonstances défavorables, les résultats ne répondirent point à leur attente, mais qui empruntent à ces circonstances mêmes un vif intérêt.

La première fois, les hardis explorateurs partirent de la cour de l'Observatoire de Paris. Leur nacelle était garnie d'une magnifique panoplie d'instruments sortis des ateliers de l'ingénieur Régnault ; mais le ballon était vieux et usé, le filet trop étroit et les cordes de suspension trop courtes, en sorte que la tête des voyageurs touchait presque la partie inférieure du globe ; enfin le temps était pluvieux, et un vent violent avait, dès avant le départ, occasionné quelques déchirures dans le taffetas. En dépit de ces fâcheux pronostics, MM. Bixio et Barral ne voulurent point ajourner leur projet ; à dix heures et demie du matin, les amarres furent coupées : le ballon s'éleva rapidement et disparut, aux yeux des spectateurs, dans des nuages épais, qu'il dépassa bientôt pour passer dans une atmosphère limpide. Les voyageurs commencèrent alors leurs observations, et, malgré une température de 7° au-dessous de zéro, ils s'y livrèrent avec tant d'ardeur qu'ils négligèrent complétement le soin de leur machine, alors parvenue à une hauteur de cinq mille neuf cent quatre-vingt-trois mètres. Ils étaient assis dans leur nacelle ; tout à coup l'un d'eux veut se lever, et s'aperçoit seulement ainsi de la situation critique où ils se trouvaient.

Dans cet air raréfié, l'hydrogène s'était considérablement dilaté ; comme on avait oublié d'ouvrir à temps la soupape, le ballon, trop resserré dans son filet, avait dépassé le cercle, s'était distendu au-dessous, et pesait sur les aéronautes, menaçant de les enfermer et de les étouffer dans leur nacelle. En vain essayèrent-ils d'ouvrir la soupape pour donner issue au gaz : il était trop tard ; la corde destinée à la faire jouer, retenue entre le filet et le ballon, résista à tous leurs efforts. M. Barral eut recours dans cette extrémité au procédé violent dont le duc de Chartres s'était jadis servi, comme on se le rappelle, dans un péril semblable, il saisit son couteau et le plongea dans le ballon au-dessus de sa tête. Le gaz s'échappant à longs flots par cette blessure inonda la nacelle, et les voyageurs pensèrent être asphyxiés. Tous deux furent pris de vomissements et perdirent connaissance. Cependant l'aérostat descen-

dait avec vitesse : de là un courant d'air de bas en haut,
qui chassa heureusement de la nacelle le fluide irrespi-
rable. L'air rentrant dans leurs poumons, les voyageurs
reprirent l'usage de leurs sens; ils ouvrirent les yeux, et
virent avec effroi que la déchirure faite dans le taffetas par
M. Barral s'était agrandie d'une manière formidable : elle
avait maintenant un mètre de longueur. Leur descente
ressemblait à une chute, et déjà ils n'étaient plus qu'à une
faible distance du sol. Ils purent néanmoins jeter à temps
par-dessus le bord leur lest, leurs vêtements, en un mot,
tout ce que contenait leur nacelle, à l'exception des instruments de physique, qu'ils ne voulaient sacrifier qu'à la
dernière extrémité. Ils s'abattirent ainsi, sans secousse
trop brusque, dans une vigne située près de Lagny (Seine-
et-Marne). M. Barral seul avait le visage légèrement con-
tusionné; M. Bixio n'avait éprouvé aucun mal.

Après avoir vu leurs observations si brusquement et si
désagréablement interrompues, MM. Barral et Bixio, loin
de se tenir pour battus, voulurent renouveler leur entreprise, et tel était leur impatient désir de réparer leur échec,
qu'ils se contentèrent de faire radouber à la hâte le ballon
qui avait failli les faire périr, et se risquèrent une seconde
fois sur cette frêle machine. C'était une grave imprudence;
mais nous savons déjà que l'amour de la science, aussi
bien que celui de la gloire militaire, enfante des dévoue-
ments poussés jusqu'à la témérité.

Le 26 juillet comme le 29 juin, MM. Barral et Bixio eurent à braver non-seulement le mauvais état de leur navire, mais encore l intempérie des éléments. Rien ne les
arrêta. Aux représentations de leurs amis ils répondirent
« qu'une atmosphère orageuse était aussi curieuse à explorer que l'azur d'un ciel tranquille ». A quatre heures ils
quittaient la terre. Le vent soufflait de l'ouest avec force.
Le ballon disparut dans les nuages à une hauteur de deux
mille mètres. Les voyageurs voulaient traverser cette couche brumeuse : ils ne savaient pas qu'elle avait cinq mille

mètres d'épaisseur. Comme ils y étaient plongés, le ballon
se déchira à sa partie inférieure. Cet accident eût décidé
à la retraite des hommes moins audacieux; mais MM. Barral et Bixio ne songèrent qu'à prolonger et utiliser le plus
possible une excursion qu'ils prévoyaient devoir durer peu.
Ils jetèrent tout leur lest, à quelques kilogrammes près;
cette manœuvre, malgré la déperdition du gaz, les fit
monter jusqu'à sept mille mètres. A cette hauteur, ils na-
geaient encore dans le nuage, qui, grâce à une température
extraordinairement basse (39° au-dessous de zéro), était
entièrement formé de petites aiguilles de glace dont les
observateurs furent bientôt couverts. On conçoit que dans
un tel milieu, et par un froid aussi intense, il leur devint
difficile de continuer leur travail, leurs doigts et leurs
instruments refusant le service. Toutefois ils n'éprouvèrent
aucun effet physiologique fâcheux, et purent admirer à
l'aise les bizarres phénomènes que recélait la masse immense de vapeurs congelées au milieu de laquelle ils se
trouvaient. Le soleil n'offrait à leurs yeux, au-dessus de
leur tête, qu'un disque pâle, mat et dépourvu de rayons,
et, par une sorte de mirage rarement observable, son
image, réfléchie avec une ressemblance parfaite dans les
petites aiguilles prismatiques dont les navigateurs étaient
environnés, paraissait à ceux-ci située au-dessous d'eux à
la même distance que l'astre lui-même était élevé au-dessus. Cependant, le gaz s'échappant toujours par l'ouverture dont nous avons parlé, le ballon redescendait. Sa vitesse accélérée obligea bientôt les aéronautes à jeter ce
qui restait de leur lest, ainsi que tous les autres objets inutiles, moyennant quoi leur abordage s'effectua sans avarie
au hameau de Peux, arrondissement de Coulommiers
(Seine-et-Marne). Le voyage avait duré une heure et demie; la distance parcourue était de soixante-neuf kilomètres.

On voit que l'application des aérostats aux recherches
physiques et météorologiques n'a encore amené que de

faibles résultats; c'est pourtant par cette application seule que la navigation aérienne peut échapper aujourd'hui au discrédit dont elle n'est d'ailleurs que trop justement frappée. Plusieurs questions intéressantes concernant les divers états magnétiques, électriques, thermométriques et hygrométriques de l'air, les proportions et la nature des éléments qu'il contient dans les régions élevées, la vitesse et l'intensité du son dans ses couches plus ou moins denses, pourraient être étudiées avec fruit dans une suite d'excursions du genre de celles que nous venons d'exposer. Mais en tant que moyen de communication et de transport, l'aérostation sera réduite à une impuissance radicale, jusqu'à ce que le grand problème de la direction ait été résolu. Or, depuis l'invention des ballons, bien des essais ont été tentés, bien des théories longuement développées, bien des volumes écrits sur cette question. Qu'en est-il sorti? Rien. Les essais ont tous ridiculement échoué; les théories ont, pour la plupart, à peine obtenu l'honneur d'une réfutation, les volumes sont enfouis dans la poussière des bibliothèques et livrés aux vers. Nous croyons devoir cependant, pour l'acquit de notre conscience d'historien, mentionner ici succinctement celles de ces tentatives qui ont eu quelque retentissement, nous réservant de donner ensuite à nos lecteurs, sous forme de conclusion, quelques explications simples sur les causes qui ont rendu stériles tant d'efforts, et sur l'avenir probable de la navigation aérienne.

Au début de cet art, plusieurs savants illustres, entre autres Guyton de Morveau, Meusnier, Bertholon, de Lalande, crurent à la possibilité de diriger les ballons, et s'occupèrent avec ardeur de réaliser cette importante amélioration. Nous avons parlé des expériences faites dans ce sens par Guyton de Morveau pour le compte de l'académie de Dijon, et du peu de fruit qu'il en retira.

Dans le même temps, le géomètre Meusnier fit sur la construction et la manœuvre des aérostats un travail mathématique fort étendu dont on ne peut méconnaître la haute portée scientifique. Meusnier voulait se diriger par les courants atmosphériques. Il proposait deux ballons concentriques, celui de l'intérieur étant gonflé de gaz hydrogène, et l'intervalle entre les deux enveloppes étant rempli d'air. C'était au moyen d'une couche d'air, diminuée ou augmentée par le jeu d'une pompe, que, sans lest ni soupape, Meusnier espérait accroître ou affaiblir le poids total de sa machine, partant descendre ou monter, et se placer à volonté dans les courants favorables à la direction qu'il voudrait suivre. Dans ce système, la marche du ballon devait être accélérée par des ailes de moulin dont l'axe eût été mise en mouvement par les bras de l'équipage.

Monge projetait un chapelet flexible de vingt-cinq ballons, ayant chacun sa nacelle montée par deux hommes; ce chapelet devait ramper dans l'air, comme l'anguille dans l'eau. Il ne fut point construit.

A la suite de ces hommes dont l'erreur avait du moins un caractère scientifique respectable vinrent des utopistes qui, en dépit des leçons de l'expérience et des lois de la mécanique, voulurent diriger les ballons à l'aide de rames, de voiles et d'ailes adaptées à la nacelle. Nous ne les citons que pour mémoire.

Jacob Degen, horloger suisse, après avoir vainement essayé de voler au moyen d'ailes en jonc et en papier, s'avisa de se suspendre à un ballon avec son appareil. Il exécuta d'abord à Vienne en Autriche deux ascensions qui n'eurent aucun succès; puis il vint à Paris, en 1812, pour y faire une troisième tentative. Une foule nombreuse accourut à ce spectacle, attirée par des annonces pompeuses. Mais le pauvre aéronaute, loin d'être soutenu par ses ailes, avait peine à les porter. Il redescendit après s'être lourdement agité en l'air pendant quelques minutes. La multitude désappointée l'accabla de huées et de coups, et mit sa machine en pièces.

Pauly de Genève, le même que nous avons, dans notre

notice sur les *Feux de guerre*, signalé comme l'inventeur du fusil à piston, construisit à Londres, en 1816, une immense machine pisciforme qu'il destinait à des transports aériens réguliers; il en fut pour ses frais, n'ayant trouvé ni actionnaires qui voulussent risquer leurs capitaux dans son entreprise, ni voyageurs qui voulussent risquer leur vie dans son navire. Son idée, du reste, n'était pas neuve. En 1789, le baron Scot avait proposé sans succès un poisson aérien artificiel.

A la même époque où Pauly échouait de l'autre côté du détroit, un Français, M. Charles Guillé, imaginait un ballon ovoïde muni d'un large gouvernail et de deux grandes ailes en forme de losanges. Ce ballon resta à l'état de projet. Il en fut de même de celui qui eut pour auteur M. Charles Genet, neveu de la célèbre Mme Campan. M. Charles Genet avait émigré pendant la révolution et s'était établi aux États-Unis. Il prit du gouvernement de ce pays un brevet pour un aérostat soi-disant dirigeable, qui ne fut jamais que décrit et dessiné. Cet aérostat devait être de forme hémisphérique, avoir cinquante mètres de long sur quinze de large et dix-huit de haut, et porter suspendue à ses flancs une vaste plate-forme où l'on eût placé un appareil à hydrogène et un mécanisme mû par des chevaux.

En 1834, un homme riche, plus enthousiaste qu'éclairé, plus généreux que prudent, M. Lennox, construisit à grands frais un ballon qu'il baptisa du nom ambitieux de l'*Aigle*. On répandit à profusion un prospectus où il était dit monts et merveilles de ce *navire aérien*. C'était un immense cylindre terminé en cône à ses deux extrémités. Il avait cinquante mètres de longueur et quinze de hauteur; il était muni d'une *vessie natatoire*, de rames tournantes, d'un gouvernail, etc. Sa nacelle avait vingt-trois mètres de long et devait emporter quarante-sept personnes dans un voyage de long cours; enfin « il était construit avec une étoffe particulière de façon à retenir le gaz pendant

plus de quinze jours. »... Déception cruelle! cette machine
était si lourde, qu'on eut grand'peine à la traîner jusqu'au
Champ-de-Mars. Une fois là, on ne put jamais la décider
à s'élever de plus d'un mètre au-dessus du sol; elle fut
misérablement détruite par la populace.

En 1839, M. Eubriot construisit un ballon qu'il arma de
deux moulinets à quatre ventaux chacun. Ce ballon avait
exactement la forme d'un œuf, et, par un calcul tout à
fait naïf, M. Eubriot prétendait faire marcher le gros bout
en avant, pour frayer le passage au petit. Le résultat fut
ce qu'il devait être, absolument nul.

En 1843, un Anglais, M. Hanson, tenta de s'élever au
moyen d'un aérostat semblable à un grand oiseau; seulement les ailes étaient fixes et n'avaient d'autre prétention
que d'augmenter la résistance de l'air inférieur. L'appareil moteur était une hélice animée par une machine à
vapeur. L'entreprise avorta complétement.

En 1850, il fut grand bruit à Paris d'une invention qui
résolvait, disait-on, de la manière à la fois la plus simple
et la plus satisfaisante, le problème de la direction des
ballons. L'auteur de cette découverte, M. Petin, s'expri-
mait ainsi dans le mémoire qu'il adressa au gouvernement
à l'effet d'obtenir un brevet : « Nouveau système de direction aérienne *reposant sur les véritables lois de la locomotion des corps inertes ou animés* et sur l'application de
ces lois à la locomotion aérienne, par l'emploi de moyens
mécaniques ou physiques *quelconques*, de manière à obtenir deux locomotions alternatives en sens inverse. L'une
a lieu en s'appuyant sur les couches supérieures de l'air
en s'élevant, l'autre sur les couches inférieures en vertu
des lois de la pesanteur. Une force d'activité qui règle à
son gré l'emploi ou la répartition des actions de la pesanteur et de la résistance de l'air à ces actions sur les différentes parties de l'appareil, et cela, soit dans un plan ver-
tical, soit sur un plan incliné. J'ai imaginé un appareil qui
matérialise, pour ainsi dire, chaque principe dans lequel

chaque organe a sa fonction en vue de l'ensemble. A cet appareil j'ai donné le titre de locomotive aérostatique Petin *à double point de suspension stable.* Cette locomotive peut servir au transport des hommes et des marchandises. Elle a cent cinquante mètres de longueur, vingt-sept de largeur et trente de hauteur. *Elle peut transporter cinq cents hommes avec des vitesses de dix, vingt, trente et même cinquante lieues à l'heure.* Elle ne coûterait pas plus de cent mille francs. »

« Ce que l'on conçoit bien s'énonce clairement, » a dit Boileau. A en juger par le galimatias qu'on vient de lire, il est permis de douter que M. Petin se comprît bien lui-même. Toutefois le gouvernement lui accorda un brevet, *sans garantie,* bien entendu ; mais le public se prit de belle passion pour le nouveau système : une souscription fut organisée et produisit, si nous avons bonne mémoire, une somme assez ronde. En outre, M. Petin donnait tous les dimanches des séances publiques consacrées à la démonstration de sa théorie, et la modique rétribution exigée des amateurs était affectée à défrayer l'entreprise. Bientôt on put voir affichée sur les murs de Paris une image représentant la fameuse locomotive aérostatique. Elle se composait de quatre énormes ballons disposés horizontalement *par rang de taille,* et supportant un vaste plancher de chaque côté duquel partaient des châssis garnis de toile. C'étaient ces châssis qui, agissant sur l'air, devaient faire marcher obliquement l'aérostat, tantôt de bas en haut, tantôt de haut en bas. La progression devait être aidée par des hélices fonctionnant au moyen de turbines. Tout cela était fort ingénieux sans doute ; mais on ne peut s'empêcher de trouver à cette belle machine une certaine analogie avec la lanterne magique que ce singe dont parle la Fontaine montrait aux animaux, et qu'il avait oublié d'éclairer. Si la lumière est l'âme d'une lanterne, le mouvement est l'âme d'une machine, et c'est précisément ce qui manquait à celle de M. Petin. Le mouvement serait donné, di-

sait-il, par un moteur *quelconque*. C'était là le moindre de
ses soucis ! Que le vulgaire ignorant ait partagé à cet égard
l'étrange aveuglement de l'inventeur, cela se conçoit ; mais
on a droit de s'étonner de l'attention et de la critique sérieuses dont la locomotive aérostatique Petin fut l'objet de
la part d'hommes instruits et intelligents... M. Petin était
d'ailleurs, rendons-lui cette justice, un visionnaire hon-
nête ; les sommes qu'il recueillit furent scrupuleusement
consacrées par lui à la construction de son navire aérien,
qui pourtant ne fut point terminé. Il quitta son ingrate pa-
trie pour aller chercher en Angleterre ou en Amérique de
plus justes appréciateurs de son génie. Nous n'avons pas
appris qu'il ait obtenu ailleurs plus de succès qu'en France.

Malgré cette dernière découverte, le bon public se laisse
encore prendre volontiers à l'appât des affiches que de
temps à autre on voit placardées dans Paris, et qui sont
toutes à peu près conçues de la même façon. On y lit en
caractères gigantesques :

NAVIGATION AÉRIENNE (ou bien) DIRECTION DES BALLONS
SOLUTION DU PROBLÈME. SYSTÈME (UN TEL)

Suit le dessin d'une machine plus ou moins bizarre et
compliquée, avec les ailes et le gouvernail de rigueur.

On se porte en foule à l'*Hippodrome* ou aux *Arènes*, et
l'on assiste tout bonnement à une ascension des plus ordinaires, suivie quelquefois d'une descente en parachute.
Il va sans dire que l'artiste se garde bien de faire usage de
son appareil... Voilà où en est aujourd'hui l'aérostation.
O triste !

L'aérostation sérieuse, *militante*, ne compte plus actuellement qu'un petit nombre d'adeptes. Nous devons citer
en première ligne M. Dupuis-Delcourt, homme actif et
sensé, dont le mérite est d'autant plus grand que l'œuvre
à laquelle il a voué sa vie est plus ardue et plus laborieuse.

M. Dupuis-Delcourt a une foi profonde dans l'avenir de

son art; mais il n'est point utopiste, et ses efforts tendent moins à atteindre le but aujourd'hui chimérique de la direction des ballons, qu'à maintenir l'aérostation dans une voie progressive en y appliquant les découvertes des sciences. Toutefois en renonçant à l'espoir de faire marcher les ballons contre le vent par des procédés mécaniques, il ne croit pas impossible qu'on arrive du moins à les faire descendre ou monter assez aisément pour réaliser l'idée de Meusnier, la direction par les courants; et il a exécuté, dans ce but, deux expériences assez remarquables. La première eut lieu, le 7 novembre 1824, au moyen d'une *flotte aérostatique* composée d'un ballon de grande dimension et de quatre beaucoup plus petits. Le premier portait seul une nacelle où M. Dupuis-Delcourt s'était placé avec un de ses amis, M. Richard. Les autres étaient amarrés aux extrémités de deux vergues se croisant à angle droit; ils y étaient retenus par des cordes pesant sur de petites poulies et s'enroulant sur des treuils fixés aux quatre angles de la nacelle. Ils étaient destinés à prendre, selon les manœuvres, position à diverses hauteurs au-dessus du ballon principal, soit afin de diminuer sa légèreté spécifique, soit afin d'indiquer aux aéronautes la direction des courants supérieurs. Mais lorsque, parvenus à une certaine élévation, les voyageurs voulurent monter plus rapidement en jetant leur lest, les petits ballons se couchèrent, pour ainsi dire, à l'extrémité des vergues, et, au lieu d'aider au mouvement ascensionnel, ils semblèrent ne le suivre que traînés à la remorque par le ballon principal. En outre, les vergues déjetées et les cordes gonflées par l'humidité se refusèrent à toute espèce de manœuvre. L'expérience avorta donc complétement.

Plus tard, en 1847, M. Dupuis-Delcourt s'associa au docteur belge Van-Hecke, qui avait imaginé une combinaison par laquelle on espérait également procurer l'ascension et la descente facultative du ballon, sans le secours du lest et sans déperdition du gaz, par l'emploi d'une sorte de pale

en soie tendue sur des encadrements en acier, et frappant
l'air soit de haut en bas, soit de bas en haut. MM. Van-
Hecke et Dupuis-Delcourt firent, le 24 septembre 1847,
un essai de cet appareil, dont les effets se réduisirent
presque à rien. La compagnie financière qui s'était formée
pour l'exploitation de ce système, sur lequel on avait fondé
d'assez belles espérances, se refusa alors à fournir de
nouvelles ressources, et l'entreprise ne put être poussée
plus loin.

La question qui nous occupe a été traitée avec l'impar-
tialité d'un esprit mûr par un savant mathématicien, M. Marey-Monge, qui a publié en 1847 un livre intitulé *Études
sur l'aérostation*. Mais M. Marey-Monge n'a fait qu'énoncer,
à son point de vue, les données du problème, et rechercher les conditions à remplir pour rendre possible la navigation aérienne proprement dite, ce qu'il appelle l'*aérostation à venir*. Là s'est borné son travail, qui a médiocre-
ment contribué à éclairer et à simplifier la question. Au
reste, M. Marey-Monge, comme tous ceux qui depuis 1783
ont recherché un moyen de direction aéronautique, ne
songe pas à appliquer ce moyen à autre chose qu'au *ballon*.
Or, quoi qu'on fasse, de quelque matière qu'on se serve
pour construire son enveloppe, quelque forme qu'on lui
donne, de quelques agrès qu'on le munisse, le ballon est et
demeurera toujours, à cause de son volume nécessairement considérable et de sa légèreté même, rebelle à la
main de l'homme... Mais n'anticipons point, et avant de
poser nos conclusions, résumons en quelques mots la critique des projets et des théories que nous venons de passer en revue.

Tous les systèmes proposés, quelles que soient leurs
différences apparentes, peuvent, quant au fond, se réduire
à deux, consistant l'un à pousser horizontalement le ballon
dans un sens donné à l'aide de rames, de pales, d'hélices,
etc. ; l'autre à profiter, pour se diriger, des courants qui à
diverses hauteurs se croisent dans l'atmosphère.

Le premier est, de par les lois de la nature physique, définitivement condamné à l'impuissance et au ridicule. C'est ce qu'il est facile de démontrer.

En effet, le ballon lancé dans l'air n'est autre chose qu'une bulle de gaz tenue en suspension dans un fluide dont elle devient comme partie intégrante. Il est conséquemment *impliqué*, emporté dans toutes les fluctuations de son milieu ambiant, et d'autant plus incapable d'acquérir et de conserver un mouvement qui lui soit propre, que son volume est plus grand et sa masse relativement moindre. Cela posé, il arrivera de deux choses l'une : ou bien les dimensions minimes des ailes ou nageoires artificielles et la faiblesse du mécanisme employé à les mouvoir, seront hors de toute proportion avec le volume du ballon, et leur effet sera d'autant plus insensible que leur action s'exercera toujours sur les couches les moins denses de l'atmosphère ; ou bien si l'on augmente l'étendue et la consistance des lames destinées à battre l'air, et si l'on y veut appliquer un moteur puissant (nous n'en possédons pas d'autre que la vapeur), le poids à enlever sera énorme, et l'on sera obligé d'avoir recours à un ballon tellement colossal, qu'on peut à peine se l'imaginer ; ce sera donc en vain qu'on aura accru l'énergie du mécanisme, puisqu'il faut accroître en conséquence le volume du ballon, et conserver entre les deux éléments essentiels de la machine la même disproportion reconnue, dans la première hypothèse, incompatible avec la production du mouvement. Nous ne parlerons pas des dépenses incalculables qu'entraînerait la construction d'un navire aérien à vapeur, des difficultés insurmontables de l'appareillement et de la manœuvre, des dangers auxquels seraient exposés non-seulement l'équipage, mais encore les humbles habitants de la terre, qui verraient suspendu sur leur tête le formidable météore... Ces obstacles, Dieu merci, arrêteront toujours au début quiconque serait assez insensé pour vouloir tenter une pareille entreprise.

Venons au second système. Désabusés des poissons aériens, des ballons ailés et des autres chimères du même genre, acceptant les conditions imposées par la nature, et se résignant à user des ressources limitées dont nous disposons, quelques théoriciens pensent qu'on pourrait tirer victorieusement parti de ces mêmes courants à l'action desquels ils reconnaissent l'impossibilité de se soustraire. On sait, disent-ils, qu'il existe dans l'air, à certaines époques, des courants constants que les marins désignent sous les noms de *moussons* et de *vents alisés*. A la vérité, on n'en connaît aujourd'hui qu'un petit nombre; mais il y a tout lieu de croire qu'en explorant avec soin et persévérance les plaines éthérées, on en découvrirait de nouveaux; et si cette prévision, très-fondée en vraisemblance, venait à se réaliser, rien de plus facile que de voyager à volonté dans presque toutes les directions. Il suffirait pour cela de se placer, par des manœuvres convenables d'ascension ou de descente, dans un courant auquel on n'aurait plus qu'à s'abandonner pour être porté vers le but qu'on aurait choisi, comme un morceau de bois est jeté dans un fleuve et porté vers l'Océan. — Rien de plus simple et de plus logique en apparence que ce raisonnement, et le problème se trouve réduit à ces deux termes : 1º reconnaître les courants; 2º trouver un moyen de monter et de descendre à volonté dans l'air; auxquels on peut en ajouter un troisième, implicitement compris, du reste, dans le second : construire un aérostat capable de fournir une carrière en rapport avec le but qu'on se propose.

Et d'abord on peut admettre à la rigueur que la solution du premier terme soit simplement une affaire de temps et de patience, bien qu'en y réfléchissant on soit obligé d'avouer qu'il y a là un cercle vicieux, la recherche même des courants supposant que l'aéronaute serait à même de parcourir à son gré l'atmosphère de bas en haut, et réciproquement. Mais qu'on place en première ou en seconde ligne cette partie du problème, il ne faut pas moins la résoudre ; il faut construire une machine dirigeable, non pas horizontalement, il est vrai, mais au moins verticalement, et cela en conservant à peu près intactes pendant un temps assez long sa puissance et sa solidité. Eh bien, nous retrouverons ici presque aussi insurmontables les mêmes obstacles devant lesquels sont tombés anéantis tous les projets de direction aéronautique, et nous ne saurions nous dissimuler qu'il n'est guère plus facile de faire monter ou descendre un ballon que de le faire avancer ou reculer. Pour y parvenir, en effet, quels sont les moyens en notre pouvoir ? Ceux qu'inventa le physicien Charles, il y a soixante-dix ans : jeter du lest et perdre du gaz ; mais l'un et l'autre s'épuisent rapidement ; et, pour peu que les circonstances soient défavorables, en quelques heures, en quelques minutes souvent, l'aérostat est mis hors de service. Nous savons de quels tristes résultats ont été suivis les essais tendant à remédier à ce grave inconvénient : Pilastre et Zambeccari, qui osèrent demander au feu le secours de sa chaleur, périrent victimes de leur homicide auxiliaire ; et le procédé en apparence anodin des frères Robert et de Collin-Hulin faillit amener aussi une sanglante catastrophe. Pour la direction verticale ainsi que pour la direction horizontale, on en est venu aux plans inclinés, aux raquettes, aux hélices. Les mêmes causes ont produit les mêmes effets négatifs.

Après cet examen critique dans lequel nous avons dû faire justice de bien des erreurs, porter le coup mortel à de jeunes illusions, à des espérances brillantes mais intempestives, nos lecteurs attendent sans doute les conclusions que nous avons promis de poser. Ces conclusions, hâtonsnous de le dire, n'ont rien qui nous soit personnel, et nous ne sommes, en ce point comme en tout autre, que l'écho affaibli d'une grande voix, celle de la science contemporaine. Si donc on nous adresse cette question : Croyezvous que l'homme puisse parvenir un jour à se diriger dans l'air ? nous répondrons sans hésiter : Oui. — Mais si l'on nous demande : Comment cela së fera-t-il? nous répondrons : Nous ne le savons pas plus qu'on ne savait avant les Montgolfier comment on s'élèverait dans l'air; pas plus qu'on ne savait avant Fulton et Watt comment cinq cents personnes à la fois franchiraient soixante kilomètres en une heure, dans un long convoi de voitures traînées par un peu d'eau chaude ; pas plus qu'on ne savait avant Daguerre comment, par la simple action des rayons solaires sur une plaque de métal ou sur une feuille de papier, on obtiendrait en quelques secondes des images plus exactes et plus parfaites que ne les pourrait tracer le crayon du plus habile dessinateur... Car si nous avons foi dans l'avenir, nous en respectons le mystère; si nous avons une haute idée des desseins de Dieu sur l'humanité, nous n'ignorons pas que tout progrès est l'œuvre du temps non moins que le fruit du travail, et que c'est folie de vouloir prématurément arracher à la nature des bienfaits que la main toute-puissante saura faire éclore quand l'heure aura sonné.

Ce qu'on peut affirmer aujourd'hui, ce qui, si nous avons été compris de nos lecteurs, se dégagera pour eux comme conséquence logique de la discussion à laquelle nous nous sommes livré plus haut, c'est : premièrement, que si le problème de la direction des aérostats est un jour résolu, il ne le sera par aucun moyen du genre de ceux proposés jusqu'ici; deuxièmement, que dans un système rationnel et pratique de locomotion aérienne, le ballon, s'il n'est définitivement abandonné, ne jouera du moins qu'un rôle tout à fait secondaire.

Mais si nous sommes en mesure de dire avec une certitude presque absolue *ce que ne sera pas* la navigation aérienne dirigeable, il est infiniment moins aisé de dire *ce qu'elle sera*, et nous sommes sur ce point réduit aux conjectures. Selon nous, le pigeon d'Archytas était encore plus près de la vérité qu'aucune des machines aérostatiques inventées de nos jours, et nous inclinons fort à penser que, pour nager dans l'air comme pour voguer sur les eaux, c'est à son éternel et inépuisable modèle, la nature, que l'homme devra demander des inspirations. Le futur navire aérien sera donc probablement un oiseau artificiel gigantesque ; mais au surplus, quelles que soient sa forme et sa structure, il ne pourra s'élever, se maintenir et se diriger dans l'atmosphère qu'animé par une force motrice à la fois douée d'une immense énergie, et n'exigeant qu'un appareil générateur de petite dimension et d'une grande légèreté. Mais ce moteur est encore à trouver, et jusqu'à ce que quelque génie privilégié nous en ait fait don, il faut bien que la navigation aérienne se résigne à demeurer sujette de l'élément qu'elle aspire à dominer.

Toutefois, que les modernes émules des Montgolfier, des Pilastre, des Charles, se consolent, qu'ils acceptent avec orgueil le précieux héritage dont ils sont dépositaires ; ils doivent à la mémoire de leurs maîtres, à leurs semblables, à eux-mêmes, de conserver à leur art son relief et sa dignité. Tel qu'il est, cet art peut encore rendre à la science d'éminents services, comme rémunération anticipée de ceux qu'il attend d'elle. La carrière où sont entrés déjà Robertson, Saccharoff, Gay-Lussac, Biot, Barral et Bixio, est, nous l'avons dit, une carrière féconde ; que d'autres s'y élancent avec le même courage. La nature recèle partout d'admirables secrets, et des excursions aériennes bien dirigées nous révéleront sans doute de merveilleux phénomènes, des lois physiques d'un haut intérêt. Et puis, qui peut affirmer que les autres applications de la machine aérostatique ne soient pas également susceptibles d'être étendues et multipliées ? Nous ne craignons pas, quant à nous, de le déclarer : si l'aérostation n'a pas porté de fruits, c'est que les chimères poursuivies par les uns, le métier banal exercé par les autres ont fait perdre de vue le véritable but. Puissent donc les aéronautes dignes de ce nom rentrer promptement dans la large voie que leur tracent les saines traditions du passé et les lumineux enseignements du présent; et puissent-ils, dirigeant leurs efforts vers le progrès de la science et des arts utiles, relever la navigation aérienne de sa décadence moins réelle qu'apparente, et la préparer ainsi aux belles destinées que l'avenir lui réserve!

FIN

APPENDICE

PRATIQUE DE LA NAVIGATION AÉRIENNE

Nous croyons devoir, pour compléter notre tâche, ajouter à cette notice quelques indications relatives à la pratique de l'aérostation considérée tant au point de vue des grandes ascensions, qu'en ce qui concerne les expériences en petit que peuvent exécuter les jeunes gens pour leur amusement et leur instruction. Nous empruntons ces détails à deux écrivains également compétents, l'un comme savant, l'autre comme praticien : M. Dumas, chimiste et membre de l'Institut, et M. Dupuis-Delcourt, ingénieur-aéronaute.

I. — *Construction et remplissage des ballons. — Production du gaz hydrogène.*

« On peut, dit M. Dupuis-Delcourt (1), construire les ballons de toutes formes ; mais l'usage en aérostation simple est de se servir de ballons sphériques ou avoisinant cette forme.

« Il est certain que la forme ronde présente une foule d'avantages réunis. Sous le moindre volume, et avec le moins de surface, elle a une capacité plus grande que toute autre figure n'en pourrait donner. La condition de stabilité n'est pas moindre, et ce motif doit être tout-puissant aux yeux de l'aéronaute praticien.

« Pendant bien longtemps le taffetas verni a été la seule étoffe employée à la construction des ballons. La baudruche, en raison de sa légèreté, de son imperméabilité, a quelquefois été préférée. Dans ces dernières années on en a construit plusieurs en étoffe caoutchoutée à la façon des *mac-intosh* ; enfin le grand ballon que j'ai lancé au Champ-de-Mars, le 21 mai 1848, était en soie préparée avec la gutta-percha, cette substance singulière qui promet de venir en aide plus tard à la grande aérostation, en raison de l'imperméabilité absolue dont elle jouit en certain état, et de sa propriété si précieuse d'être, à froid, absolument inattaquable aux acides et aux gaz.

« La soie cuite, le taffetas de Lyon, le satin croisé, et dans

(1) *Manuel d'aérostation.* (Encyclopédie Roret.)

certains cas le *double florence,* préparés au vernis avec le soin convenable, sont encore le genre d'étoffes qu'on doit préférer quand on veut unir la durée et la solidité. Le mètre d'une étoffe de ce genre bien conditionnée revient de dix à quinze francs.

« Le filet qui recouvre le ballon doit être en corde de chanvre d'une grande solidité. La soupape, placée au pôle supérieur de la machine, doit être résistante, forte et solide. Il en est de même de la nacelle, habituellement construite en osier. Il ne faut pas rechercher l'économie du poids sur ces divers engins, dont la solidité importe à la sûreté de l'aéronaute.

« Nous n'avons rien à dire, ou tout au moins nous nous étendrons peu sur les montgolfières ou ballons à feu, grands ou petits, leur usage présentant des inconvénients, des dangers qui croissent avec l'inexpérience et le défaut de savoir de ceux qui les emploient. Les malheurs survenus en aérostation sont dus en grande partie à l'emploi du feu, et les gouvernements de l'Europe ont tous pris des mesures qui tendent à en restreindre ou à en supprimer l'expérimentation publique quand elle n'a pour objet que d'offrir un aliment à la spéculation.

« Dans l'origine des ballons, on croyait à l'existence d'un gaz particulier, remplissant les ballons à feu, et qu'on avait nommé *gaz montgolfier.* Bientôt on reconnut que l'ascension de ces machines était due à la seule dilatation de l'air, et on constata que, par une température extérieure de 15 degrés, l'air, échauffé à l'intérieur à 60 degrés centigrades, augmente son volume d'un tiers, en d'autres termes, perd environ un tiers de son poids; qu'ainsi 1 mètre cube d'air chaud pèse un kilogramme environ, au lieu de 1300 grammes, poids de l'air extérieur.

« Indépendamment de l'air chaud servant à l'élévation des montgolfières, le gaz hydrogène est l'agent employé pour enlever les machines aérostatiques.

« Pour se procurer le gaz hydrogène, dit M. Dumas (1), on met à profit la composition de l'eau, dont 100 parties contiennent 11,10 de ce corps et 88,90 d'oxygène ; ce dernier s'en sépare aisément en vertu de l'énergie avec laquelle il s'unit à beaucoup de corps, et particulièrement à quelques métaux.

« Si l'on place un canon de fusil contenant de la tournure

(1) *Traité de chimie appliquée aux arts,* tome 1er, chap. 1er.

de fer au travers d'un fourneau, et qu'à l'une des extrémités on adapte une cornue à moitié remplie d'eau, tandis que l'autre porte un tube recourbé propre à recueillir le gaz, on pourra se procurer une grande quantité d'hydrogène pur. En effet, le tube de fer étant porté au rouge, et l'eau chauffée jusqu'au point où elle entre en ébullition, la vapeur de ce liquide sera forcée de traverser la couche de tournure incandescente. Là elle sera décomposée, et donnera naissance à l'oxyde de fer, qui restera dans le tube, et à du gaz hydrogène, qui se dégagera, et qu'on pourra recueillir.

« Ce n'est pas en général par ce procédé qu'on se procure le gaz hydrogène dans le grand nombre d'expériences chimiques auxquelles on l'applique aujourd'hui. On le retire de l'eau par l'action d'un métal; mais on opère à froid, en favorisant la décomposition par la présence d'un acide. L'expérience s'exécute avec une facilité remarquable. On prend un flacon d'un litre, à deux tubulures; à l'une d'elles on adapte un tube droit de 3 millimètres de diamètre, qui plonge jusqu'au fond du flacon, et qui s'élève au dehors jusqu'à 12 à 15 centimètres. On met dans le flacon 40 à 50 grammes de zinc et une quantité d'eau assez grande pour le remplir aux deux tiers. Tout étant ainsi disposé, on verse peu à peu, par le tube droit, de l'acide sulfurique concentré jusqu'au fond du vase. Une vive effervescence se manifeste, et le gaz hydrogène se dégage par le tube recourbé. L'effervescence et le dégagement servent de régulateur pour l'opération, et indiquent l'instant où il convient de rajouter de l'acide pour favoriser la production du gaz, ou de s'arrêter, s'il y a lieu de craindre qu'elle ne devienne trop vive. D'ailleurs le gaz se recueille sur l'eau et peut être considéré comme pur lorsqu'on a eu soin d'en perdre quelques litres. Cette expérience peut encore se faire aisément au moyen d'une fiole à laquelle on adapte un tube recourbé; mais dans ce cas il faut introduire à la fois le zinc, l'eau et l'acide, et recueillir le gaz.

« Les produits de cette opération sont toujours de l'hydrogène et une dissolution de sulfate de protoxyde de zinc, dont la production est accompagnée d'un dégagement assez considérable de chaleur. L'eau est manifestement décomposée; son oxygène transforme le zinc en protoxyde qui s'unit à l'acide sulfurique employé, et son hydrogène, devenu libre, se dégage. Ajoutons que pour dissoudre complétement le zinc il est toujours nécessaire d'employer un excès d'acide. On substitue quelquefois au zinc un métal moins coûteux : c'est le

fer en limaille, en tournure, en fil, ou à l'état de petits clous.
Il se produit dans ce cas de l'hydrogène et du sulfate de fer;
mais ce procédé, qui n'est que rarement mis en usage dans
les laboratoires, exige que l'on emploie un excès d'acide plus
grand que le précédent, parce que le fer est moins facilement attaqué que le zinc. La manière d'opérer et la théorie
sont d'ailleurs semblables à celles que nous venons de dé-
crire.

« La production du gaz (pour le remplissage des ballons)
est basée sur les principes que nous venons d'exposer. Seulement, comme on opère plus en grand, il faut substituer aux
flacons des tonneaux percés de trous sur un de leurs fonds
pour livrer passage aux tubes. Chaque tonneau est chargé
d'une quantité convenable de limaille, ou mieux de décou-
pures de tôle. Il est muni d'un tube droit en plomb, pour ver-
ser l'acide, et d'un autre tube également en plomb qui con-
duit le gaz sous une cloche commune préalablement remplie
d'eau. Du sommet de la cloche, qui peut être en fer-blanc
verni ou en bois, part un tuyau de cuir qui dirige le gaz dans
le ballon. La seule précaution à prendre consiste à maintenir
dans la cloche une légère pression, ce qui arrive toujours
lorsque le niveau extérieur de l'eau est un peu plus élevé que
le niveau intérieur. Quelques essais préalables, faciles à faire,
déterminent toutes les conditions de détail. Au moyen de poids
on maintient la cloche en place; elle repose d'ailleurs sur le
fond du baquet, et elle est munie d'échancrures pour le passage des tubes à gaz.

« Comme nous l'avons déjà observé, il est nécessaire d'employer un excès assez considérable d'acide lorsqu'on fait usage
du fer; ainsi les données théoriques feraient nécessairement
tomber dans de graves erreurs si on leur accordait une confiance absolue. On trouve par l'expérience que 3 kilogrammes
de fer et 5 kilogrammes d'acide sulfurique du commerce fournissent au moins 1 mètre cube de gaz. D'où l'on tire comme
conséquence pratique qu'en exprimant par V le volume d'un
ballon en mètres cubiques, ce volume V peut servir à déterminer aisément le poids des matières à employer. Ainsi :

$V \times 3 =$ le poids de fer en kilogrammes.
$V \times 5 =$ le poids de l'acide sulfurique en kilogrammes.
$V \times 30 =$ le poids de l'eau également en kilogrammes.

« Donnons un exemple. Soit un ballon de 10 mètres de

diamètre, ou de 523,6 mètres cubes de capacité, on aura à peu près :

Matières employées.	*Produits.*
1570 kilogr. — Fer.	523,6 mètres cubes de gaz hydrog.
2618 — Acide sulfur.	8000 kilogrammes sulfate de fer.
15708 — Eau.	

« Théoriquement, cette quantité de gaz devrait résulter de la dissolution de 1,418 kilogrammes de fer seulement; mais, quoique la règle empirique donne un excédant de 150 kilogrammes, il faut se tenir plutôt au-dessus qu'au-dessous du résultat qu'elle donne, afin d'éviter les lenteurs qui occasionnent des pertes de gaz très-grandes, en raison de la perméabilité de l'enveloppe, et qui sont fort pénibles d'ailleurs lorsqu'on procède à des expériences publiques.

« Du reste, on retirera des tonneaux le sulfate acide de fer, qu'on fera chauffer dans des chaudières de fer, de cuivre ou de plomb, avec de la limaille ou des rognures de fer, pour saturer l'excès d'acide, et qu'on fera cristalliser pour le livrer au commerce, ce qui compense une partie des frais. Ceux-ci deviendraient même presque nuls, si l'on pouvait se procurer de l'acide tel qu'on doit l'employer, et qui n'aurait pas supporté les frais de concentration. En effet, il existe des fabriques de sulfate de fer qui produisent ce sel avec bénéfice au moyen du fer et de l'acide sulfurique faible.

« Voici le volume et le diamètre de quelques ballons, ainsi que les autres conditions de cette espèce d'appareil, d'après M. Francœur. (*Dictionnaire technologique*, t. Ier, p. 179.)

Diamètre en mètres.	Volume en mètres cubes.	Surface en mètres carrés.	Kilogram. que le gaz peut enlever.	Poids en kilogr. de l'enveloppe.	Force et poids des agrès.
1 (1)	0,52	3,14	0,62	0,78	0,16
2	4,19	12,57	5,03	3,14	1,89
4	33,51	50,27	40,21	12,57	27,65
6	113,10	113,10	135,72	28,27	107,44
7	179,59	153,94	215,51	38,48	177,03
8	268,08	201,06	321,70	52,01	269,69
9	381,70	254,47	458,04	63,62	394,42
10	523,60	314,16	622,32	78,54	549,78
11	696,91	380,13	836,29	95,03	781,26
12	904,78	452,39	1085,74	113,10	972,84
13	1150,35	530,93	1380,42	132,73	1247,69

(1) « On voit qu'un ballon de 1 mètre de diamètre ne pourrait pas s'enlever s'il était formé d'un taffetas aussi épais que celui qu'on suppose pour les autres. On est dans l'usage de faire ces petits ballons en baudruche; ils pèsent environ 80 grammes, et conservent, par conséquent, 540 grammes de force ascensionnelle. »

« Le volume, la surface et le diamètre du ballon se calcu-
lent par les méthodes géométriques ordinaires, dont nous rap-
pelons ici les principes : le rapport π de la circonférence au
diamètre est égal à 3,14159 ou à peu près à $\frac{22}{7}$. La surface de
la sphère $S = \pi D^2$, et son volume $V = \frac{\pi D^3}{6}$, le diamètre
étant représenté par D. Les autres notions que ce tableau
renferme sont basées sur des considérations très-simples.

« Un mètre cube d'air, à une température et à une pression
moyennes, pèse environ 1300 grammes. Un pareil volume d'hydrogène impur et humide ne doit peser que 190 grammes environ ; la différence ou 1200 grammes est donc le poids que
peut tenir en équilibre dans l'air ordinaire 1 mètre cube d'hydrogène. Ainsi le volume en mètres cubes du ballon multiplié
par 1, 2 sera le nombre de kilogrammes que le ballon pourra
soutenir.

« D'un autre côté on évalue à 250 grammes ou $\frac{1}{4}$ de kilogramme le poids de 1 mètre carré du taffetas verni qui est
employé dans la construction des ballons. Le nombre exprimant la surface en mètres carrés, divisé par 4, donnera donc
le poids du taffetas en kilogrammes.

« Enfin la différence entre le poids que le gaz est capable de
supporter et celui de l'enveloppe exprimera la charge qu'il
convient d'ajouter au ballon pour les cordages, la nacelle, les
appareils, les hommes, le lest, etc. ; bien entendu qu'il fau-
dra charger le ballon de 2 ou 3 kilogrammes de moins que ce
qu'il peut supporter, afin de conserver une force ascensionnelle suffisante ; et comme cette force ascensionnelle est un
point très-important, il convient de la mesurer à l'instant du
départ au moyen d'une romaine fixée à terre ; car les calculs
établis précédemment sont tous approximatifs, et peuvent
d'ailleurs être altérés par l'introduction accidentelle d'un peu
d'air dans le ballon, ou par toute autre cause.

« On était dans l'usage, à l'époque où s'introduisit l'emploi
des ballons, de conserver une force ascensionnelle beaucoup
plus grande, de 50 à 60 kilogrammes et même plus ; mais il
est facile de voir que cet excès est inutile, qu'il peut même
devenir dangereux, et qu'il vaut mieux se conserver la faculté
de jeter une grande quantité de lest que d'être forcé de perdre
sans but une portion considérable de gaz.

« Un aéronaute prudent doit monter doucement et descendre de même. Il y parvient aisément en partant avec une
force ascensionnelle faible, et dans ce cas, lorsqu'il veut re-

descendre, il lui suffit d'ouvrir quelques instants la soupape pour déterminer la chute du ballon. Comme cette chute s'effectue avec une vitesse accélérée, le lest dont il s'est pourvu lui devient indispensable pour la modérer. Il en jette successivement quelques parties, et il parvient, au moyen de cette simple précaution, à descendre très-doucement; il peut même remonter, si le lieu qui se présente offrait quelque danger, pour aller redescendre dans un endroit plus convenable. En général, l'emploi du lest et celui de la soupape sont les seuls moyens que l'aéronaute ait à sa disposition; mais ils suffisent quand ils sont bien dirigés, pourvu qu'on ait soin de ne tenter aucune ascension par un temps orageux ou dans un moment où l'atmosphère est agitée par des vents dont la direction peut varier à diverses hauteurs.

« Il est de la plus grande importance de ne pas remplir tout à fait le ballon au moment du départ. Pour avoir négligé cette remarque très-simple, plusieurs aéronautes se sont exposés à des dangers extrêmes. En effet, à mesure que le ballon s'élève, la pression de l'air qui l'environne diminue, et le volume du gaz qu'il renferme augmente. Il faut donc perdre ce gaz, ou s'exposer à voir l'enveloppe se déchirer sous l'effort produit par cette dilatation. Mieux vaut, sans aucun doute, ne remplir le ballon qu'à moitié, ou au plus aux deux tiers, tout en lui donnant la force ascensionnelle nécessaire au but qu'on se propose. A mesure qu'il s'élève, son enveloppe s'enfle doucement, et le rapport des densités de l'hydrogène et de l'air restant toujours le même sous les mêmes pressions, il en résulte que rien n'est changé dans les conditions d'équilibre de la machine, et que rien ne change en général par cette cause, quelles que soient les modifications de hauteur ou de charge auxquelles l'aéronaute soumette son appareil.

« Il résulte de tout ce qui précède qu'un aéronaute doit avoir des idées justes de physique, s'il ne veut pas s'exposer à d'effroyables chances. Des physiciens très-habiles, MM. Charles, Biot, Gay-Lussac, ont entrepris des voyages aériens; ils les ont effectués sans danger ni trouble, quoique préoccupés de recherches scientifiques délicates et sérieuses; tandis que beaucoup de personnes qui n'avaient à s'occuper que de leur sûreté sont devenues victimes de leur ignorance ou de leur imprudence. »

II. — *Procédé généralement employé pour couper les fuseaux d'un ballon* (1).

« 1º Soit décrit le demi-cercle ABC du diamètre du ballon proposé.

« 2º Élever du centre D une perpendiculaire D B.

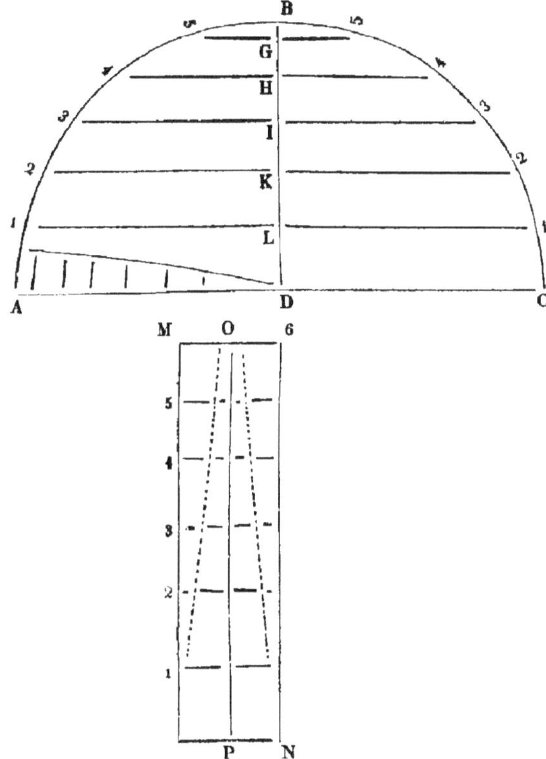

« 3º Diviser chacun des arcs A B et B C en six parties égales, et par ces points de division tirer des parallèles au diamètre.

« 4º Construire une figure auxiliaire M N, dont la longueur

(1) Ce paragraphe est extrait, ainsi que les suivants, du *Manuel* de M. Dupuis-Delcourt.

soit égale au développement des six parties comprises dans l'arc C B.

« 5° A chacune des six divisions de cette même figure M tracer des parallèles 1, 2, 3, 4, 5, 6, sur lesquelles les dimensions du fuseau sont rapportées de la manière suivante.

« 6° On partage l'arc A 1 en deux parties égales, et du point du partage on tire le rayon 1 D ; ensuite du point D comme centre, et avec des rayons successivement égaux à D L, D K, D I, D H, D G, on décrit les arcs de réduction 5, 4, 3, 2, 1.

« 7° On prendra la mesure de chacun de ces arcs de réduction, qu'on apportera par ordre sur la figure M N ; c'est-à-dire que l'arc 5 sera porté sur la parallèle 5 pour avoir les deux points du fuseau sur cette parallèle ; l'arc 4 sera porté sur la parallèle 4, et ainsi de suite ; ce qui détermine les six points de chaque côté de la ligne O P, qui servent à tracer le fuseau, ou du moins le demi-fuseau, car la périphérie du fuseau entier est réellement indiquée par 24 points.

« On pourra prendre un patron en papier ou en carton sur cette dimension, et il servira de modèle pour couper l'étoffe destinée à la confection du ballon.

« Pour former l'appendice du globe, et donner en même temps plus de grâce au ballon, on a l'habitude de le terminer en *poire* ou en cône élégamment échancré. Ici le caprice ou le goût du constructeur peut seul servir de règle. On obtient l'effet désiré en laissant au bas du fuseau, au lieu de le terminer en pointe, une largeur qui varie en raison du nombre même des fuseaux. »

III. — *Description générale d'un voyage aérien. — Instruments utiles à l'aéronaute dans le cours d'une ascension.*

« Depuis l'instant où l'on quitte la terre jusqu'à celui où l'on parvient à la hauteur à laquelle il est permis à l'homme de pénétrer dans l'atmosphère, on passe par une succession de sensations nouvelles ; le moment le plus agréable est sans contredit celui où l'on se sépare de la terre. Pendant les premiers moments de l'ascension, et jusqu'à 1,000 mètres environ, une jouissance délicate accompagne le voyageur aérien. Rien ne saurait mieux donner l'idée de ce qu'on éprouve alors, que ces rêves si agréables pendant lesquels on se sent voltiger çà et là comme des zéphyrs : ici la réalité remplace l'illusion. L'admiration qu'inspire bientôt le spectacle de la nature se joint à ce premier sentiment. A mesure que l'horizon se développe, les rivières présentent à la fois toutes leurs sinuosités, les villes et les habitations de toute espèce s'offrent en foule ; on compte les routes et les sentiers qui les lient entre elles ; et cette moindre partie du spectacle n'est pas sans un grand intérêt. Les différentes productions de la terre se font remarquer d'une manière distincte par la variété de leurs teintes et la diversité de leurs nuances. Un champ de blé se distingue parfaitement d'un champ de luzerne, une forêt d'un vignoble.

« Au-dessus de 500 mètres, les proportions de chaque objet diminuent d'une manière très-sensible. Les hommes ressemblent déjà à des insectes ; l'atmosphère est considérablement refroidie ; alors, si l'on est plusieurs dans la nacelle, le silence, causé jusque-là par l'admiration des premiers moments, commence à cesser. On s'interroge, on se fait part de ses remarques et des nouvelles sensations qu'on éprouve. Bientôt la force d'ascension du ballon fait parvenir à 1,000, à 1,200 mètres ; avec un froid plus vif on éprouve des bourdonnements dans les oreilles. A 2.000 mètres, on est obligé à de plus grands efforts pour faire entendre sa voix, le véhicule du son, la densité de l'air ayant déjà beaucoup diminué. La dilatation du gaz hydrogène contenu dans le ballon, dilatation qui commence dès l'instant où l'on quitte la terre, est portée au point qu'il faut, dans certains cas, faire jouer la soupape, pour lui donner une plus large issue. A 4,000 mètres, le froid devient ordinairement rigoureux ; la surface de la terre paraît confuse ; les grandes routes ressemblent à de petits cordons ; les rivières paraissent comme des ruisseaux ; le ciel est serein et d'un azur souvent très-foncé. A 6,000 mètres, on ne voit plus que les grandes masses : si alors un bruit éloigné, celui du canon par exemple, vient à se faire entendre, les voûtes du ciel s'ébranlent, le ballon vibre ; si à cette distance on lâche des oiseaux, ils tombent ou volent péniblement, l'air étant trop raréfié pour que leurs ailes trouvent un appui suffisant. A 10,000 mètres, distance qui semble être, pour la plupart des hommes, le dernier terme où il leur soit donné de parvenir, l'isolement est parfait ; mais la place n'est plus tenable à cause de l'âpreté du froid et du malaise général qu'on éprouve dans toutes les parties du corps. La voix ne s'entend plus que difficilement ; les petits animaux meurent. Les observations doivent se faire là avec rapidité ; car le ballon, seul objet qui frappe la vue dans l'immensité de l'espace, semble prêt à s'anéantir, tant le gaz hydrogène tend à s'échapper impétueusement. Les hauteurs de l'atmosphère se perdent enfin dans des ténèbres profondes : c'est ici que finit la nature physique.

« La déperdition du gaz et souvent sa condensation par le froid font bientôt redescendre le ballon. L'air devient moins froid, et la terre, qui ne paraissait plus que sous la forme d'une masse grisâtre, déroule de nouveau et peu à peu ses productions. Tout paraît éclore et se vivifier à sa surface. Les arbres ressemblent à des plantes naissantes. Plus on s'approche, plus aussi les masses se débrouillent, et offrent l'aspect d'une ville, d'une forêt ou d'une prairie. On distingue bientôt les hommes et les animaux, et l'instant arrive enfin où il faut de nouveau toucher terre. Un aéronaute habile sait retarder ce moment à son gré, en disposant à propos du lest dont le ballon est chargé. Il peut encore franchir de grands espaces et papillonner à la cime des arbres, s'amuser de l'effroi que sa présence cause à tous les animaux des campagnes ; leurs cris d'alarme, leur fuite attestent qu'ils reconnaissent la présence d'un être étranger dont la forme les épouvante. L'aéronaute peut souvent reprendre encore un nouvel essor ; et si, dans le cours de son voyage, le hasard le favorise à ce point qu'il soit témoin d'un orage, il verra se développer sous ses pieds de nouveaux objets dignes d'admiration et inconnus au reste des humains. La constitution des nuages, les grandes opérations qui se font dans leur sein sont bien faites, on doit le penser, pour inspirer le respect, et même une certaine crainte, à l'homme qui les aborde pour la première fois.

« Deux instruments, le baromètre et le thermomètre, sont indispensables à l'aéronaute, alors même qu'il ferait dans l'air un simple voyage d'agrément et n'aurait formé le projet de se livrer à aucune observation. Sans baromètre, il serait impossible à l'aéronaute d'estimer régulièrement la hauteur à laquelle il se trouve ; sans thermomètre, il serait peu en état de juger de la température de l'air, et, par conséquent, de rapporter à cette cause les variations que peut éprouver un ballon dans l'air.

« Toutes les recherches scientifiques, toutes les expériences possibles dans l'ordre de celles connues ou de celles à imaginer, sont du ressort de l'aérostation pratique. Élevé dans l'air, flottant librement au sein de l'atmosphère, loin des causes perturbatrices auxquelles l'observateur, le savant, à terre, sont fatalement soumis, l'aéronaute, au sein de son vaste laboratoire, est en position de se livrer à des travaux susceptibles d'éclairer, de réformer les connaissances acquises, et d'en conquérir de nouvelles. Le champ n'est point limité, c'est à l'expérimentateur qu'il appartient de déterminer et de choisir les instruments dont il peut avoir besoin. »

IV. — *Des petits ballons à gaz hydrogène, de leur usage dans les fêtes et jeux des colléges et institutions.*

« Rien de plus propre à récréer l'esprit et les yeux des jeunes gens, que l'ascension de petits ballons ou de diverses figures d'animaux, de personnages, etc., qu'ils peuvent facilement, en s'exerçant un peu, apprendre à tracer, confectionner et enlever eux-mêmes.

« Ces sortes de jeux exigent la connaissance et diverses applications très-récréatives du dessin, de la peinture, et quelques notions en chimie et en physique. Ceux des élèves qui ne sont pas assez avancés dans leurs études pour parvenir à mener à bien ces expériences et ces petites constructions, consulteront leurs camarades ; l'émulation naîtra ; les professeurs, au besoin, ne dédaigneront certainement pas de renseigner le jeune élève qui viendrait leur présenter convenablement sa requête. C'est toujours un bonheur pour le maître d'avoir à satisfaire au désir de s'instruire manifesté par ses élèves.

« Nous nous sommes déjà élevé en divers endroits contre l'emploi du feu en aérostation. Avec les grandes machines aérostatiques à air raréfié, les hommes sont exposés, pour la plupart du temps, à de grands dangers ; plusieurs ont péri de cette manière : ainsi Olivari, ainsi Bittorf et d'autres. L'usage des petites montgolfières ne présente pas moins d'inconvénients. Il est rare d'abord que ces ballons, s'ils sont d'un très-petit volume, s'élèvent ; ils brûlent assez ordinairement au milieu des efforts, bien souvent infructueux, qu'on fait pour échauffer l'air intérieur dont ils doivent être remplis. Si les dimensions sont grandes, on éprouve un extrême embarras pour les installer sur place et pour les manœuvrer ; puis alors on les garnit d'un réchaud et d'un combustible quelconque, papier huilé, éponge ou étoupe imbibée d'esprit-de-vin, etc. Or, ce sont là des jeux très-dangereux, et ceux qui s'y livrent devraient réfléchir à la grande responsabilité qu'ils encourent en se livrant à un exercice qui n'est rien moins qu'innocent. La montgolfière prend encore bien souvent feu au moment du départ, à la suite des oscillations, des balancements qu'on ne peut éviter qu'avec une extrême adresse et une habileté qui ne sont pas données à tous. Dans ce cas, ses débris enflammés retombent sur les toits environnants et peuvent y communiquer le feu. Ou bien on parvient à lancer le ballon muni de son réchaud; il s'élève pompeusement, et par un vent favorable va se porter à quelques kilomètres du point de départ. Mais alors il porte avec lui le germe de la destruction. Il peut répandre des brandons allumés sur son passage; et, dans la plupart des cas, mettre le feu au moment de sa descente, s'il se pose sur des matières inflammables ou s'il les touche en passant. En étudiant l'histoire de l'aérostation, nous avons trouvé qu'une foule de ces incendies subits de fermes, de chaumières, de meules de grains et de forêts, qu'on attribuait, dans l'ignorance d'une cause constatée, au hasard ou à la malveillance, ont été bien souvent occasionnés par la descente des montgolfières, grandes et petites, qui sont lancées en foule à l'époque des fêtes publiques, sur toute l'étendue du sol de la France.

« Et que de regrets ne doit-on pas avoir en pensant qu'un simple amusement peut devenir la cause de malheurs aussi grands que ceux de la ruine d'une famille, et quelquefois pis! Nous ne doutons pas que l'intelligence des jeunes lecteurs auxquels ce chapitre est tout spécialement adressé, et la prudence des maîtres chargés de diriger leurs plaisirs, ne préviennent à l'avenir de semblables dangers.

« Cela est d'autant plus naturel et plus simple, qu'il y a d'autres moyens de se procurer un divertissement non pas égal, mais bien plus grand, bien plus satisfaisant, en substituant les petits ballons à gaz hydrogène aux ballons à feu, et en procédant aux jeux aérostatiques par le moyen que nous allons indiquer.

« Le gaz hydrogène, même très-grossièrement produit, est dix fois plus léger que l'air échauffé au point le plus élevé où l'on puisse arriver dans les petites montgolfières. On gagne rarement au delà d'un tiers de légèreté sur le poids de l'air atmosphérique de ces dernières machines. Un ballon ayant 1 mètre cube de capacité, rempli d'air échauffé, aura donc à peine, à part le poids de l'enveloppe, 4 hectogrammes de puissance, tandis qu'un ballon de même capacité plein de gaz hydrogène aurait sur l'air ambiant un excès de légèreté de plus de 1 kilogramme. De là aussi la faculté de faire des ballons à gaz hydrogène de bien plus petites dimensions que les ballons à feu , lesquels , le plus communément . ne réussissent que lorsqu'on leur donne 2 à 3 mètres de hauteur.

« Des feuilles de papier à lettre ordinaire, réunies à la colle de pâte et taillées en fuseaux de la manière indiquée plus haut, puis vernies en dedans et en dehors , soit avec l'huile grasse rendue siccative par la litharge, soit avec l'un des nombreux vernis gras qu'on trouve tout préparés chez les fabricants et marchands de couleurs , peuvent constituer un ballon propre à contenir assez parfaitement le gaz hydrogène. Pour donner à ce genre de ballons la solidité désirable, on a soin d'introduire, en les fabriquant, un ruban très-étroit en soie ou en coton, ou même une simple ficelle dans la collure de chacun des fuseaux , lorsqu'on vient à les réunir pour en former la sphère. Après ce dernier travail . on ajoute à la tête du ballon, au point de jonction des fuseaux , une pièce ronde , également en papier verni. On termine le bas par un tuyau également en papier verni , qui prend le nom d'appendice, et qui sert à l'introduction du gaz dans le ballon.

« Il est une substance très-anciennement connue , nommée baudruche, et qui sert à la confection des petits ballons qu'on trouve tout faits chez les principaux marchands de jouets d'enfants , à Paris. La baudruche est la pellicule intérieure du gros intestin du bœuf. Elle est assez chère ; on se la procure difficilement ; son emploi est d'ailleurs trop compliqué pour que nous osions en recommander l'usage à nos jeunes lecteurs. C'est avec cette sorte de peau que les batteurs d'or constituent les gros livrets entre les feuilles desquels ils placent l'or pour l'amincir en le battant.

« Le papier verni a l'inconvénient de devenir cassant au bout d'un certain temps ; il ne peut être employé que pour les ballons ou figures aérostatiques qu'on veut lancer immédiatement. Nous allons indiquer un moyen que nous avons souvent employé nous-même, et qui nous a toujours donné d'excellents résultats. Le seul inconvénient qu'il présente est de faire des enveloppes un peu pesantes, et qui ne permettent pas de descendre, comme dimension , au-dessous d'un ballon de 60 à 80 centimètres de diamètre ; mais il est à observer qu'un ballon plus petit serait trop exigu pour permettre de tenter quelque récréation utile , et qu'il présenterait en outre, dans sa confection, des difficultés assez compliquées, comme celle de l'emploi de moules , etc.

« On prépare les fuseaux en papier à lettres ou en papier de Chine très-fin; on les taillera graphiquement comme nous l'avons dit ci-dessus, et en nombre double, c'est-à-dire que si l'on fait un patron d'après nos indications, exigeant 8 ou 12 de ces fuseaux pour que, réunis, ils forment la sphère, on aura le soin d'en confectionner 16 ou 24, et cela parce que nous allons les réunir deux par deux au moyen d'une préparation qui les fait adhérer parfaitement, et rend le papier entièrement imperméable à l'air et au gaz, tout en lui conservant sa souplesse; il s'agit, on le voit d'un contre-collage et de l'établissement d'un ballon en papier double, qui donnera pour résultat une bonne et belle machine conservant le gaz assez longtemps, et permettant de faire à son aise une foule d'expériences curieuses.

« La matière dont il va être parlé est connue des écoliers. C'est la gomme élastique, avec laquelle on efface si bien les traces du crayon. Cette substance exotique est un suc principalement extrait d'un arbre nommé *caoutchouc,* dont elle prend le nom dans le commerce. Elle provient de l'Inde et des deux Amériques, principalement de la partie méridionale. Ce suc, grossièrement recueilli dans le pays, blanc quand il découle des arbres, nous arrive noirci par la fumée des bois résineux au moyen desquels on en fait l'exploitation. Il nous arrive en France sous des formes bizarres, tantôt de poires, tantôt de souliers, etc. Pour les besoins de la papeterie, on le fait dissoudre, ou bien, ce qui est plus ordinaire, on le lamine à chaud, on l'amalgame et on en fait des tablettes régulières.

« Le caoutchouc se dissout à chaud, mais à une basse température, qu'on obtient facilement par l'usage du bain-marie, dans l'essence de térébenthine rectifiée, telle qu'on la trouve dans le commerce. Voici comment on procède :

« Dans un vase quelconque en terre grossière, on met de l'eau bouillante, à l'instant même où on la sort du feu. Au milieu de ce vase on a installé préalablement un autre vase en terre, en verre ou en porcelaine, dans lequel on a mis de l'essence de térébenthine et de la gomme élastique coupée en très-petits morceaux. Aussitôt que la chaleur de l'eau se communique au mélange, la dissolution commence. On voit la gomme se fondre et colorer la térébenthine. On agite avec une petite palette en bois qu'on se prépare soi-même. Il faut, quand l'eau vient à se refroidir, surtout si l'on est pressé, activer l'opération en renouvelant l'eau chaude du bain-marie. On fait ainsi arriver la dissolution jusqu'à consistance de sirop. On laisse ensuite reposer la matière jusqu'à parfait refroidissement; on décante alors la liqueur dans un autre vase, en inclinant légèrement et peu à peu. On garde pour une autre opération le résidu, qui se compose de quelques impuretés et de petits morceaux de gomme à demi dissoute.

« La solution de caoutchouc ainsi préparée, on l'étendra avec un pinceau plat et un peu rude sur chacun des fuseaux couchés sur une table ou sur des planches disposées pour les recevoir. Cela fait, et sans attendre que, par l'évaporation qui est assez rapide, cette substance soit desséchée, on juxtapose deux fuseaux ensemble, en réunissant, bien entendu, chacune des faces enduites de gomme; on appuie légèrement dessus avec la main, et bientôt, ainsi qu'on le remarquera, l'adhérence est parfaite : les deux feuilles n'en forment plus qu'une.

« Cette préparation a un avantage que n'ont pas tous les vernis : celui de ne point tacher ni colorer le papier en le transperçant. On a une surface blanche, nette et polie, propre à recevoir toute espèce de dessins, de peintures ou d'inscriptions.

« Il faut, en réunissant les fuseaux pour former la sphère, introduire également, et comme nous l'avons dit ci-dessus, dans chaque collure un fil ou un ruban. Cela dispense d'employer un filet pour faire porter au ballon la petite nacelle, la couronne ou l'emblème qu'on veut lui donner à enlever dans les airs. Les fils réunis à la base du ballon servent encore à établir un point solide par lequel on peut aisément le retenir captif, soit dans l'intérieur d'un appartement, soit à l'air libre.

« Pour ce qui est maintenant du remplissage de ces petits ballons par le gaz hydrogène, nous sommes bien convaincu que les jeunes gens studieux qui ont des notions de chimie, et qui ont lu avec soin ce que nous disons plus haut sur la production du gaz hydrogène, seront aussi bien renseignés que nous-même sur la manière de se le procurer, et qu'ils se mettront, à cet égard, rapidement en état de satisfaire à tous les besoins de leurs petites expériences.

« Une opération d'arithmétique fort simple leur donnera la mesure exacte de toutes les parties de la sphère qu'ils voudront construire, en procédant toujours du diamètre ou du rayon à la circonférence, au volume et à la surface.

« S'il s'agit d'une figure autre que la sphère ou le cylindre, d'un poisson monstre, par exemple, ou d'un personnage de fantaisie, oh! alors, nous en convenons, l'emploi de quelques formules géométriques sera nécessaire. Mais où est le mal? Eh bien! l'élève qui ne sera pas assez fort pour arriver tout d'abord au but qu'il se propose, se renseignera auprès du camarade plus avancé capable de l'aider. Il pourra même, ce qui serait mieux encore, chercher dans les livres d'études la science dont il pourrait manquer.

« Une fois la capacité de son ballon connue, rien de plus simple que d'évaluer la quantité des matières à employer pour la production du gaz hydrogène nécessaire à son remplissage. (*Voir ci-dessus, au § I de cet appendice, les indications relatives à cette partie de la pratique aérostatique.*)

« Pour procéder à ce remplissage, arrivons à n'employer qu'un de ces petits barils de 50 à 60 centimètres de hauteur, qu'il est si facile de se procurer, puis un petit tuyau coudé en fer-blanc, puis un entonnoir, un seau ou tout autre vase, comme réfrigérant, et nous voilà en mesure. Arrivons même, au besoin, à nous servir de simples flacons de Wolf, en verre, à deux ou trois tubulures, et de quelques autres vaisseaux de chimie qu'on trouvera dans le laboratoire du collége ou du pensionnat. Nous voici en état de développer maintenant à notre volonté, et selon nos besoins, 1 décimètre ou 1 mètre cube de gaz. Nous aurons ainsi parcouru en sens inverse l'échelle qu'ont si rapidement franchie, en 1783, Charles et Robert, quand, obligés, pour enlever leur ballon, d'employer des masses considérables d'acide et de métal, ils ont dû substituer tout d'un coup aux bocaux et aux vases en verre de Priestley, le plus ancien manipulateur des gaz, les énormes appareils composés de cuves, de tonneaux, avec d'immenses tuyaux, que nous employons encore aujourd'hui. »

FIN DE L'APPENDICE

TABLE

I

II

III

IV

V

VI

VII

VIII

3766. — Tours, impr. Mame.

BIBLIOTHÈQUE
DE LA JEUNESSE CHRÉTIENNE

FORMAT PETIT IN-8°

ADOLPHE, ou Comment on se corrige de l'étourderie, par Et. Gervais.
AÏSSÉ, ou la jeune Circassienne, par Marie-Ange de T***.
ANSELME, par Etienne Gervais.
AVENTURES D'UN FLORIN (les), racontées par lui-même.
BARON DE CHAMILLY (le), par Etienne Gervais.
BASTIEN, ou le Dévouement filial, par Mme Césarie Farrenc.
BATELIÈRE DE VENISE (la), par Mlle Louise Diard.
BONNES LECTURES (les), Souvenirs et Récits authentiques, par F. Cassan.
CLÉMENTINE, ou l'Ange de la réconciliation, par Marie-Ange de T***.
CORBEILLE DE FRAISES (la), par Marie-Ange de T***.
DESSUS DU PANIER (le), histoires pour la jeunesse, par Jean Grange.
DIRECTRICE DE POSTE (la), par Marie-Ange de T***.
DUMONT D'URVILLE, par Fr. Joubert.
ELISABETH, ou la Charité du pauvre récompensée, par M. d'Exauvillez.
ELOI, ou le Travail, par Etienne Gervais.
EUPHRASIE, ou l'Enfant abandonnée, par Marie-Ange de T***.
EXCURSION EN SYRIE, EN PALESTINE ET EN EGYPTE.
EXILÉES DE LA SOUABE (les), par Mlle Louise Diard.
FAMILLE DE MONTAUBERT (la), par Félix Joubert.
FILLE DU DOCTEUR (la), par Marie-Ange de T***.
FILLE DU MEUNIER (la), ou les Suites de l'Ambition, par Mlle L. Diard.
HENRIETTE, ou Piété filiale et Dévouement fraternel, par Stéph. Ory.
JACQUES BLINVAL, ou l'Ami chrétien, par J.-N. Tribaudeau.
JUDITH, par M. l'abbé Henry.
LOUISE LECLERC, par Marie-Ange de T***.
LUCIA CESARINI, par Mme de Labadye.
MADAME DE GÉVRIER, ou la Pénélope chrétienne, par Marie-Ange de T***.
MARIANNE, ou le Dévoûement, par Marie-Ange de T***.
NAVIGATION AÉRIENNE (la), par Arthur Mangin.
PAPE BENOIT XIII (le), 1724-1730, par J. Chantrel.
PARMENTIER, par Fr. Joubert.
PÊCHEUR DE PENMARCK (le), par E. Bossuat.
PROVERBES ET NOUVELLES, par Jean Grange.
RÉCITS AMÉRICAINS, par M. Xavier Marmier, de l'Académie française.
RICHARD LENOIR, par Fr. Joubert.
TANTE MARGUERITE (la), par Marie-Ange de T***.
TÉRÉSA, par E. Bossuat.
TRÉSOR DE LA MAISON (le), par Maurice Barr.
TROIS COUSINS (les), ou le Prix du temps, par Théophile Ménard.
VAUQUELIN, par Fr. Joubert.
VICTOR DUTAILLIS, par Fr. Joubert.
VIERGE DES CAMPAGNES (la), par M. l'abbé Henry.
VOEU EXAUCÉ (le), suivi des DEUX MARIÉES, par Maurice Barr.

Tours. — Impr. Mame.

www.ingramcontent.com/pod-product-compliance
Lightning Source LLC
LaVergne TN
LVHW012309170726
843503LV00002B/653